In Vitro
Cuentos de Amor

Augusto Maia

2024

Copyright ©2024 by Poligrafia Editora
Todos los derechos reservados.
Este libro no puede reproducirse sin autorización.

In Vitro - Cuentos de Amor

ISBN: 978-85-67962-31-3
Autor: **Augusto Maia**
Coordinación editorial: Marlucy Lukianocenko
Traducción: Larissa Gonçalves Medeiros
Ilustraciones: Alexandra Seraphim
Proyecto grafico: Pedro Bopp
Revisión: Fátima Caroline P. de A. Ribeiro

```
Dados Internacionais de Catalogação na Publicação (CIP)
       (Câmara Brasileira do Livro, SP, Brasil)

   Maia, Augusto
      In vitro : cuentos de amor / Augusto Maia. --
   2. ed. -- Cotia, SP : Poligrafia Editora, 2024.

      Título original: Amor in vitro
      ISBN 978-85-67962-31-3

      1. Fertilização humana in vitro 2. Ficção
   brasileira 3. Infertilidade 4. Inseminação artificial
   humana 5. Reprodução humana assistida I. Título.

24-205553                             CDD-869.9
```

Índices para catálogo sistemático:

1. Fertilização humana in vitro : Narrativa
   ficcional baseada em casos reais : Literatura
   brasileira   869.9

Eliane de Freitas Leite - Bibliotecária - CRB 8/8415

www.poligrafiaeditora.com.br
E-mail: poligrafia@poligrafiaeditora.com.br
Rua Maceió, 43 – Cotia – São Paulo
Fone: 11 4243-1431 / 11 99159-2673

El editor no es responsable del contenido de la obra,
formulado exclusivamente por el autor.

Estas historias son un homenaje a las mujeres que, por amor a la maternidad, perpetúan la humanidad. Especialmente a las mujeres que son el amor en mi vida: mi madre, mi esposa y mi hija.

RESUMEN

Vitória 10
Estela 26
Emília 42
Louise 54
Eva 66
Luzia 84
Maria 88

PRÓLOGO

La realización del sueño de tener un hijo de manera natural no siempre es posible, y para muchas personas, la fecundación in vitro es la única oportunidad. Las historias que voy a contar son llenas de emociones, dilemas y, sobre todo, de amor.

Esta es una obra de ficción basada en historias reales que amigos y médicos de manera generosa, compartieron conmigo. Como ejecutivo de la industria farmacéutica, tuve el privilegio de trabajar en el segmento de la medicina reproductiva durante una fase de mi carrera y descubrí un amplio universo, que va mucho más allá de la ciencia. Las cuestiones morales, culturales, afectivas, psicológicas y espirituales de este universo reflejan nuestra humanidad en su inmensidad y complejidad, y se reflejan en estos cuentos.

Con el fin de apoyar al lector poco familiarizado con la temática, incluí notas informativas y comentarios, como también, describí brevemente algunos pasos de la técnica de reproducción asistida en algunos pasajes de las historias. Estas informaciones son ampliamente encontradas en la literatura médica, en los sitios de las clínicas de fertilidad, en artículos sobre el tema y libros escritos por expertos del área, y también autores que cuentan sus experiencias personales.

En los primeros cuatro cuentos, abordo cuestiones de nuestro tiempo relacionadas con prejuicios, falta de información y restricciones del acceso al tratamiento, que, aunque son fundamentales en la construcción de una sociedad más justa y humana, todavía son, en gran parte, subestimadas.

En los últimos tres cuentos, hago una inflexión en el curso de las historias para imaginar un futuro a partir de las señales que ya observamos hoy. El quinto cuento es una ciencia ficción, pero que incorpora hechos reales de la actualidad publicados en periódicos y revistas, indicando posibles caminos que el progreso científico puede llevarnos. El sexto cuento es una elaboración poética y distópica sobre las transformaciones que pueden estar por venir, y es un puente para llevar al lector a la última historia, que tiene lugar en el siglo XXII. Estas historias son una provocación para reflexionar sobre los límites de la ciencia y las elecciones que tenemos por delante.

AGRADECIMIENTOS

Por la amistad y valiosas colaboraciones, mi más sincero agradecimiento a los amigos que contribuyeron a esta obra, en especial a Miriam Keller, Marlucy Lukianocenko y Wagner Vasconcelos.

También me gustaría reconocer a todos los profesionales con los que conviví y que me enseñaron sobre las múltiples facetas de la medicina reproductiva. A ellos, mi admiración y gratitud por la atención y amabilidad con que siempre me recibieron.

Mi especial y afectuoso agradecimiento a Alexandra Seraphim por el arte de las ilustraciones.

.

In vitro - Cuentos de amor

¿Dónde nace el amor?
¿En el buceo de las estrellas en el mar?
¿En el encuentro de las semillas?
¿O, in vitro, como yo?
Mi padre no lo conocía, pero mis madres sí.
Sé que nací de un sueño y el amor existía.
El universo es un sueño de amor infinito,
y cabe en un tubo de vidrio.

VITÓRIA

SUEÑO

"¿Cómo va a ser este niño? Me desperté angustiada y todavía con la memoria de un sueño que, como todos mis sueños, fue muy extraño, sin sentido, difícil de explicar, pero, al mismo tiempo, tan hermoso y real que desperté sintiendo la barriga llena de mariposas que persiste hasta ahora, junto con el sabor amargo del café. Hago un esfuerzo para recordar los detalles, pues sé que, a lo largo del día, los recuerdos se van a borrar; pero esa sensación extraña, sé que va a acompañarme. Recuerdo la carita del bebé y luego una niña que corría y gritaba. La llamé por su nombre, pero ya no puedo recordar cuál era. Cierro los ojos en un intento de dormir brevemente, lo suficiente como para rescatar ese nombre del lugar donde están los sueños. Pero el café, como ancla de la realidad, ya me ha atrapado y ya no me deja ir tan lejos. La chica juguetona del sueño se parecía mucho a una amiga de la escuela que ni siquiera me gustaba mucho, era aburrida y nada simpática, pero también muy hermosa e inteligente. Yo quería ser como ella. Confuso, pero para mí, todo había sentido. Me quedé con un sentimiento de nostalgia por algo que sólo existió en sueño, un cariño, una alegría tonta, mezclados con una cierta angustia."

"Soñé con los chicos cuando eran pequeños, parecía que me pasaba una película que guardo de ellos hasta hoy. En el sueño, tenían otra fisonomía, eran bastante diferentes, pero eran ellos. Los extraño, y creo que confundo sueño con recuerdos. Jugábamos y reíamos tanto, y ha pasado tanto desde entonces. Pensar en volver a empezar todo de nuevo... Necesito llamarlos más tarde."

Todavía era temprano cuando estaban de camino a la clínica, e iban en silencio, cada cual con sus pensamientos. Ya habían decidido que harían el tratamiento, y así iniciaban una jornada que sabían cómo comenzaba, pero no cómo terminaría. Era más que esperanza o deseo. Se miraron y dijeron al mismo tiempo: "Llegamos..."

— La doctora todavía está retrasada con la otra consulta, bien que advirtieron que ella habla demasiado, le gusta explicar hasta el más mínimo detalle. No entiendo para qué llevar tanto tiempo explicando detalles, si tiene todo en internet. Después de todo, quien viene aquí y hace esta inversión tiene que investigar antes. ¡Menos mal que nuestro horario no es al final del día! Imagina a qué hora saldríamos, con los retrasos acumulados.

— Si alguien más escuchara, pensaría que usted está en el centro comercial comprando un electrodoméstico, y no realizando un sueño que va a cambiar nuestra vida. Elegí a esta doctora precisamente porque era así, y fue una suerte que tuviéramos una amiga en común que la recomendara. Está bien tener que esperar un poco.

— ¡Aun así! Tengo horario, necesito ir a la oficina.

Avisa que va a retrasar un poco y venga aquí conmigo a ver estas fotos en la pared, mientras esperamos.

— Tiene muchos gemelos.

— ¿Qué usted piensa de tres, como estos?

— Pienso que exige mucho trabajo...

— Pero, como la gente habla: ¡Quien tiene uno hijo tiene dos, quien tiene dos tiene tres, y es mejor, pues ya crecen todo de una vez!

— Soñé con ellos. Crecieron y están tan lejos.

— Llamaremos más tarde.

— Pensaba justamente en eso, cuando estábamos viniendo. Los extraño.

Sonrieron y siguieron observando todo alrededor, cada pequeño detalle de la decoración del consultorio y de las personas. Había un gran florero con flores rojas en la entrada y, curiosamente, notaron a un joven sentado en la sala de estar; estaba acariciando la mano de una señora que parecía estar embarazada. Había también un hermoso cuadro de girasoles en la sala, y observaron a una pareja que llegaba y se dirigía al asistente. Él era muy guapo y ella parecía mayor, no era delgada, se vestía de manera sencilla, y tenía una mirada determinada. Siguieron notando todo, en las ropas, en los gestos, en las expresiones, en cualquier señal que pudiera dar pista de la historia de cada uno.

En lá medicina los médicos expertos em el tratamiento de infertilidad llaman-se Fertilitas.

Susurraron, conjeturaron y se divirtieron con las suposiciones que formulaban, hasta que no pudieron soportarlo y se rieron a carcajadas; se recompusieron y volvieron a observar las fotos.

— Ahora son ustedes. Pasen por aquí, por favor.

Tomaron las cosas que habían quedado en el sofá, se acomodaron y caminaron hacia una puerta entreabierta.

EL FORMULARIO

— "Término de autorización y consentimiento de reproducción asistida". ¿Usted ha leído este formulario que nos dieron en el consultorio?

— Sí, lo leí. ¿Usted está llenando?

— Sí, y es bastante extenso. Tengo una pregunta: ¿Cómo clasifico usted? Compañero, compañera, cónyuge?

— ¿No tiene otra opción?

— Voy a marcar "otros". Necesito de que esté aquí comigo, pues mismo con las explicaciones de la doctora, sigo con dudas.

— Es complicado, porque el tratamiento tiene muchas etapas y son muchos términos técnicos a los que no estás acostumbrada. Lo más importante, ahora al principio, son las inyecciones de hormonas para estimular al ovario a producir más óvulos de lo normal.

— Aquí dice que tiene que hacer una punción folicular. ¿Qué eso?

— Es la aspiración de los óvulos desde el interior de los folículos.

— ¿Duele?

— ¿Recuerda que la médica explicó que es una intervención simple, y no va a doler porque usted estará anestesiada?

— Ahora entiendo por qué los médicos llaman a la reproducción asistida una técnica de alta complejidad...

— En la escuela, ¿Quién se quedaba dormida en las clases de biología? Están haciendo falta ahora! ¿Puedo ir?

— Todavía no, porque hay una cosa más que tenemos que conversar antes de que usted vaya. En respeto al banco de semen.

— Pensé que hablaría de otro tipo de banco, porque creo que necesitaremos un préstamo...

— ¿Usted está de broma? Lo digo en serio y siempre vuelve a esta pregunta. Sabíamos que sería un tratamiento costoso cuando decidimos comenzar con todo esto.

— Sí, lo sabíamos, pero también usted sabe que todo ese esfuerzo podría no funcionar al final.

— ¿Por qué no?

La reproducción asistida es el conjunto de técnicas, incluida la fecundación in vitro (FIV), que tienen como objetivo el tratamiento de la infertilidad.

— La doctora explicó, y está bastante claro aquí en el formulario, que las posibilidades, en su edad, no son altas. Cada fase del tratamiento tiene un riesgo: es posible que no genere los óvulos, que ellos no fertilicen, que el embrión no esté sano. Después de todo esto, puede ser, aún, que los embriones no se implanten en la pared del útero cuando hagan la transferencia.

Considerase 1978 como la fecha del inicio de la reproducción asistida, con el nacimiento de Louise Brown, conocida como la primera bebé probeta, nacida en Manchester, Inglaterra (Reino Unido).

—¿Por qué este pesimismo? ¿Es el dinero que importa? ¡La inversión que estamos haciendo es otra! Y pensé que eso lo habíamos resuelto. ¿O es que, en realidad, usted no quiere porque ya tiene sus hijos?

— Solo estoy siendo realista, y es mejor parar aquí con esta discusión. Iré al trabajo y hablaremos más tarde.

— ¡No! Vamos a resolver ahora sobre la donación de esperma. Sin esto, no podemos comenzar el tratamiento.

— Entonces llama al banco de esperma que la doctora recomendó y vámonos.

— ¡No es así! Tenemos que discutir el perfil del donante también.

— ¿Por qué no importamos de un banco de esperma americano? Podemos seleccionar mejor al donante. Ofrecen un perfil detallado e incluso tienen una foto. ¿Quién sabe el bebé nace hablando inglés? ¡Un costo menos en el futuro!

— Ya que solo piensas en dinero, la donación de esperma aquí sigue siendo gratuita.

Cambiaron una mirada falsa y se rieron. El sentido del humor cínico y provocativo era la manera que tenían de aliviar la tensión en los momentos más difíciles.

— ¡Usted me convenció! ¿Cuándo vamos al banco?

— ¡Sin broma! Creo que la elección podría ser aleatoria. Hacer una selección basada en el perfil del donante me parece mucho natural e incluso prejuicioso.

— No estoy de acuerdo con usted. Elegimos a nuestros compañeros de acuerdo con las características que más nos gustan, ¿no? ¿No es natural querer tener un hijo parecido a nosotros o con nuestras preferencias?

Sonrieron, se callaron, miraron juntos el formulario y comenzaron a rubricar cada página. Todavía tenían muchas dudas, pero sabían que, a partir de aquel instante, estaban iniciando una rutina de inyecciones, ultrasonidos, ansiedad, consultas, esperanza y miedo. Asumían todos los riesgos, todas las ganancias y todas las pérdidas. Pusieron una mano sobre la otra y se correspondieron con un ligero apretón. Firmaron el formulario, se levantaron y siguieron adelante con las tareas del día.

La estimulación ovárica se realiza con la ayuda de hormonas llamadas gonadotropinas.

PEQUEÑAS VICTORIAS

"Aprensiva. Así me sentía en la primera fase del tratamiento. Quería aprender cada detalle y no equivocarme en nada. Cuidé mejor la alimentación, tomé vitaminas e intenté descansar más. Tenía que administrar las inyecciones todos los días, a la misma hora. No podía errar la dosis y eso me ponía nerviosa. La primera inyección fue administrada en el consultorio y, daba un poco de inseguridad hacerme en casa, mismo el procedimiento siendo simple. Preferí administrar las inyecciones por la noche, porque así lo hacíamos juntas. Pronto me acostumbré, pero los pinchazos de la aguja dolían un poco. Tenía un ritual y mi atención era total, no podía desperdiciar la medicina y cualquier distracción me irritaba. Apagaba la televisión y el teléfono, relajaba cuando guardaba todo en su lugar después de la aplicación, cerraba los ojos, respiraba hondo y pensaba: Todo va a salir bien".

"Cada vez que íbamos juntas al consultorio hacer el ultrasonido, revivía mi propio embarazo. Fuimos cuatro veces para seguir la evolución de los folículos hasta el día de la aspiración. Todavía eran sólo folículos, pero verlos crecer transmitía una esperanza que nos alegraba; era como si ya fueran fetos. Cada ultrasonido era una victoria, pero sabíamos que existía la posibilidad de tener que interrumpir el tratamiento si los folículos no crecían como se esperaba. Ella contaba a todo el mundo. La censuré, porque quería controlar sus expectativas y las de su familia, pero no sirvió de nada. Con cada ultrasonido, la audiencia crecía exponencialmente. En el primero, fue la abuela; en el segundo, mi madre, y luego la de ella, lo que provocó celos en mi suegra. Luego, las tías y las mejores amigas. A partir de entonces, todos los amigos y vecinos, y todo esto en un periodo muy corto de 12 días. Al final, incluso antes de la fecundación, todos ya deseaban suerte y preguntaban por el nombre del niño. Ni siquiera estaba embarazada, pero ella respondía con seguridad: Victoria.

Los óvulos se desarrollan dentro de pequeñas "bolsas con líquido", que son los folículos. A través de las ecografías, el profesional responsable por la fecundación acompaña este desarrollo, que se da entre 8 y 15 días.

En caso de que el desarrollo de los folículos no sea adecuado, el tratamiento puede interrumpirse durante este período. Al final de esta fase, se extraen los óvulos del interior de estas bolsas mediante una punción (aspiración folicular).

— ¿Usted no cree que sea demasiado pronto para dar un nombre? Todavía tiene la fecundación, la congelación, la transferencia, el embrión tiene que implantarse...

— Tanta gente tiene esta suerte ¿por qué no funcionaría para mí? Me vino el recuerdo de la imagen de aquella niña del sueño cuando la doctora explicó que cada etapa que superamos es una pequeña victoria. Me sentía incómoda cuando pensaba que ella no tenía un nombre, pero ahora tiene.

— ¿No es un nombre obvio?

— ¿Y? Y si es niño? ¿Y si es más de uno?

— Un poquito ansiosa...

— Esto es normal. Tengo buenas noticias: ¡Tenemos diez folículos, que es muy positivo! Después del efecto de la anestesia, ya sabremos cuántos óvulos conseguimos aspirar.

— ¿Y los embriones?

— Haremos la fecundación in vitro, y luego, en unos cinco días sabremos cuántos embriones podemos congelar.

— Sonrió y la anestesia hizo efecto. Mientras se despertaba, todavía confusa, escuchó una voz cargada de alegría: "¡Fueron ocho!". Ocho óvulos maduros de diez folículos, fue un buen resultado. Después de cinco días, llegó el resultado de los embriones. Cinco óvulos fueron fecundados con éxito, y cuatro evolucionaron en embriones sanos, que luego fueron congelados. Luego, el período de espera comenzó. Un largo mes tendría que pasar para hacer la transferencia del embrión al útero. Hasta entonces, había sido una demanda emocional tan fuerte y constante que parecía que todo lo que era posible sentir, había sentido y, por eso, flotaba una relativa serenidad, por el agotamiento.

Llegó el día de la transferencia de los embriones al útero.

— Transferiremos tres, que es el límite permitido para su edad.

— ¿Y el cuarto embrión?

— Se congela. Pueden implantar, en el futuro, o hacer una donación.

— ¿Donar un hijo mío? No, no quiero que un hijo mío tenga otra familia. Por otro lado, me parece abandono dejarlo congelado...

— No tienen que pensar en eso ahora.

Los embriones se descongelaron y la transferencia fue un éxito. Regresaron a casa y, en 11 días, harían el análisis clínico de sangre para el embarazo.

Después de la transferencia de embriones al útero, comienza el proceso de gestación. En esta fase, si la implantación de los embriones es exitosa, el riesgo de interrupción del embarazo es el mismo de una concepción natural, siendo superior al 33% para mujeres mayores de 40 años.

Pero no aguantaron esperar, fueron juntas a la farmacia y compraron una prueba de embarazo.

— Negativo...

— Estamos en el quinto día, todavía es temprano para saber
— No fue una buena idea hacer la prueba antes de lo recomendado.
— Además, la prueba de embarazo de farmacia no es muy precisa.

Mismo así, repitieron la prueba todos los días por la mañana. En aquellos días, no podían pensar en otra cosa, y el resultado era siempre el mismo. Ahora la esperanza era el análisis clínico de sangre. Temprano, por la mañana, entraron en el coche y, prácticamente sin hablar en el camino, fueron al laboratorio de análisis clínicos. Como en el primer día, cuando todo comenzó, estaban inmersas en pensamientos; pero ahora, no había sueños para ser recordados. Todo era aprensión.

Llegaron al laboratorio a tiempo, puntualmente 30 minutos antes de la recogida de sangre. Tomaron la contraseña y fueron a casa. El resultado saldría el mismo día. Llegaron en casa y empezaron a buscar en internet el resultado, que, como sabían, no estaría listo hasta el final de la tarde.

En el consultorio, la médica también monitoreaba el resultado del análisis clínico. Aprovechó que en el momento estaba sin pacientes para admirar la hermosa puesta de sol en el parque que estaba justo detrás de la clínica. Miró también las fotos de los niños en la pared, que siempre le provocaban una involuntaria sonrisa, aunque las hubiera visto millones de veces. El resultado del análisis estaba por salir. Se volvió hacia la pantalla de la computadora y allí estaba. No tardó mucho tiempo para que su teléfono sonara, y ella ya sabía quién llamaba. Respiró hondo y contestó.

¿DE QUIÉN ES LA CULPA?

— Negativo, doctora

(Silencio). (Lloro).

La doctora también se emocionó, a pesar de pasar por eso todos los días.

— ¿Qué hice mal?

— Usted no hizo nada malo; no es su culpa, no es culpa de nadie.

— ¿Por qué funciona para todos y no para mí?

— Usted sabe que no es así.

— ¿Que vamos a hacer?

— En general, recomendamos probar hasta tres ciclos de tratamiento. Además, todavía ustedes tienen un embrión congelado, que podemos implantar sin necesitar hacer otra estimulación hormonal.

— ¿Todavía consigo pasar por todo esto de nuevo? ¿Cómo vamos a quedarnos sin nuestra niña? Va a faltar algo. Siento un vacío dentro de mí...

— Sé lo que estás sintiendo. Créeme: lo mejor, en ese momento, es descansar y dejar pasar el tiempo, que las cosas se arreglan.

En los días siguientes, la culpa se convirtió en ira. Ella no tuvo el coraje de contar a su madre, que ya tenía nietos de su hermana menor y se esperaba de ella también. Ella sabía que su relación homosexual seguía siendo una frustración para los padres - más para el padre; la madre se conformaría con nietos. Nada de eso se decía y no tenía que serlo. La maternidad era un sueño, pero también sería una redención.

Con coraje llamó primero a su abuela, que siempre tenía una palabra de cariño. Luego llamó a su madre. No pudo decir una palabra y se puso a llorar. La madre también. El padre tomó el teléfono y dijo:

— Ven a casa, hija, te amamos. Esperamos a las dos.

La tasa de éxito promedio de la técnica de fecundación in vitro depende de muchos factores. Sin embargo, la edad es lo más importante. Hasta los 35 años, la tasa de éxito es superior al 50%, mientras que, a partir de los 40 años, esta tasa es inferior al 20%.

¿Y AHORA?

— Cariño, es hora de que conversar a cerca de lo que vamos a hacer.

— Tienes razón, estoy pensando mucho en eso, y creo que llegó el momento de hacernos algo.

— También pensé mucho en todo lo que pasamos, si quieres volver a intentarlo, voy a apoyar usted.

— No quiero más.

— Lo entiendo, todo fue muy agotador. Está bien si no quieres más.

— No solo eso, necesito distanciarme, salir de aquí, alejarme de todo y comenzar de nuevo...

— Mira, puedo pedir una licencia. ¿Qué tal viajar por un tiempo?

— No, no es eso. Quiero cambiar mi vida.

— ¡Un viaje va a hacer bien! ¡Después, en la vuelta del viaje, usted puede hacer un curso, tal vez iniciar una nueva carrera o, quizá, podemos iniciar un negocio juntas!

— Estoy pensando en seguir sola.

— ¿Usted se refiere a viajar sola? ¿Por cuánto tiempo? ¿Espero usted aquí?

— No, no espérame.

— No entiendo. ¿De qué está hablando? ¿Qué quiere decir?

— Significa que quiero retomar los proyectos que tenía antes de conocer a usted.

— Pero nosotras tenemos un proyecto.

— Lo teníamos, pero no sucedió.

— Creo que todavía usted está muy triste y confundida. Vamos a hacer un viaje, las ideas van a mejorar. Y luego, cuando regresemos, hablaremos mejor.

— Sé que no lo esperabas, pero trata de entenderme.

— Realmente, no esperaba eso. Y no puedo aceptar una separación después de todo lo que he hecho por usted.

— Pensé que era por nosotras.

— ¿Y qué haremos con el embrión?

— No tenemos que resolver esto ahora, podemos dejarlo congelado.

— ¡No estoy reconociendo a usted! ¡No es posible que haya cambiado tanto! Todavía podemos volver a nuestro proyecto, intentar la fecundación una vez más, o adoptar un niño. Aun así, si usted no quiere, podemos continuar solo nosotras dos; siempre estuvimos bien así.

— Adoro mucho usted y siempre voy le desear los mejores sentimientos...

— Pero, me va a dejar, ¿no?

— No consigo más.

— No voy a estar sola. Si no puedo tener usted conmigo, aún puedo tener un hijo suyo. Voy a implantar el embrión de Victoria en mi propio útero.

**Victoria nació grande.
Ella no sabe quién es su padre,
pero se siente muy amada
por sus dos madres.**

Pobre no puede soñar.
Pobre tiene que trabajar.
Pero pobre puede rezar.
Rezo por Nuestra Señora Aparecida.
Y las oraciones son las estrellas,
que ella lleva en su manto.
Manto sagrado.
Manto estrellado.
Cuando una estrella se desprende,
es un milagro que se hace.
Creo en los milagros,
y la música es mi oración.
Nuestra Señora Aparecida siempre
está aquí cerca de mí.
Así ella me escucha mejor.
Algún día mi estrella vendrá.

ESTELA

CARTA CELESTE

— ¿Cuándo bajamos?
— Falta todavía, aún más con ese embotellamiento...
— Qué bien salimos temprano de casa.
— Sí, porque allí es con cita previa, y no podemos perder esa oportunidad.
— Calma, todo va a salir bien.
— Entonces, vamos a aprovechar para que me hable aquella historia.
— ¿De nuevo? ¿Por qué le gusta tanto que la repita tantas veces?
— ¡Usted sabe! Y por eso estamos aquí hoy. Por ella
— Todo sucedió por casualidad. Yo era niño y mi mamá estaba sola, no tenía ayuda de nadie para cuidarme, por eso me llevó a su trabajo. Era tarde. Trabajaba en el conservatorio de música, y esa noche tenía un recital de piano con los dos finalistas de un concurso. Después de recoger las entradas, ella fue a arreglar el escenario y me dejó allí, sentado en uno de los últimos sillones, donde todavía había un lugar desocupado. El chico fue el primero a presentarse. Era la primera vez que escuchaba el piano. ¡Me faltan palabras, nunca estuve tan cerca del cielo! Solo regresaba a la tierra cuando mi madre venía a ver cómo estaba, me besaba y luego volvía al trabajo... ¿Bajamos ahora?

— ¡No!, Todavía falta.

Continúa.

— Pero ya conoces la historia...

— Cuando me habla de esa historia, escucho hasta las músicas .

— A veces, incluso creo que inventé esa historia, pero este nudo en la garganta que siento cada vez que hablo sobre eso, me recuerda que todo es verdadero.

— Adelante, continúa.

El chico tocó divinamente, todos lo aplaudieron de pie, y yo instintivamente, copiaba lo que todos hacían. Todo allí era novedad para mí y me dejaba en éxtasis con tanta belleza. Luego anunciaron al otro finalista. Era una chica, que también tocaría tres piezas. Entró, se sentó, tocó maravillosamente la primera pieza y fue, merecidamente, muy aplaudida. Entonces, mientras ella tocaba la segunda música, la luz del día, poco a poco, se transformaba en la oscuridad de la noche. Y cuando terminó, las lámparas ya iluminaban el conservatorio. Había algo diferente y misterioso en la manera en que tocaba el piano, y una vez más me sorprendió tanta belleza. Ella recibió el cariño de la platea, agradeció y se acomodó en el banco para tocar la última música. Cerró los ojos, respiró hondo... Al sonido de la primera nota, las luces se apagaron. Era un apagón, muy común en esa época del año. Escuché un suspiro colectivo, pero ella continuó como si nada hubiera pasado. Hubo un profundo silencio, solo se escuchaba la música. Tocaba el piano aún más dulcemente y parecía que las notas escapaban por la tapa abierta del piano, y flotando en el espacio venían a reposar suavemente en mis oídos. Inefable. Yo, como todos allí, me quedé paralizado y dejé de respirar. Increíblemente, la luz regresó en el mismo momento en que ella tocó la última nota. Lentamente, quitó las manos del teclado y se levantó. Y todo seguía siendo silencio cuando se volvió hacia el público y, mágicamente, miró a los ojos de cada uno – y de todos al mismo tiempo -, penetró en nuestras almas y dejó plantada una semilla de paz y serenidad. Luego, cerró los ojos e inclinó la cabeza, descansando lentamente las manos sobre el corazón, y el encantamiento se vino abajo. El tiempo y la respiración que estaban suspendidos volvieron a fluir, el aire llenaba los pulmones que, como si fueran globos, levantaban los cuerpos para luego se vaciáren entre los clamores de Bravo! Menos yo. Continué inmerso en esa otra dimensión hasta que mi madre llegó y me trajo de vuelta al mundo, con un cariñoso beso.

Cuando salimos del conservatorio yo estaba en éxtasis todavía. Con mi madre íbamos con prisa, para no perdernos el horario del autobús, pero me iba mirando el cielo, donde brillaban las estrellas en una clara noche de luna llena.

— Y fue entonces cuando ella le dio la imagen de Nuestra Señora Aparecida.

— Sí, lo fue. Cuando ya estábamos en camino a casa, ella me dijo apuntando hacia arriba, a través de la ventana del autobús, que cuando yo mirara al cielo en noches estrelladas como aquella, recordara que el cielo es el manto de Nuestra Señora y las estrellas que lo decoran son nuestras oraciones. Cuando una estrella se suelta y cae aquí en la tierra, es un milagro que se realiza. ¡Mira! Ya vamos a bajar..

—Qué pena, podría estar aquí escuchando toda la mañana. Pero todavía hay tiempo para contar mi historia, la historia de cómo conocí usted. Lo recuerdo como si fuera ayer. Había salido del trabajo y, en el camino, escuché una música tan hermosa, que no pude resistir y la seguí. Encontré usted allí, en medio de una construcción, en una habitación sin puerta, tocando un piano polvoriento. Después de eso, pasaba por allí todos los días, a la misma hora, sólo para oír usted tocar, y recuerdo el miedo que sentía de que la obra acabara pronto y yo jamás escucharía usted. Hasta que un día, entré y pedí a usted para tocar esa música que había escuchado por primera vez. Incluso hoy, cuando me toca esta música, creo que siento lo mismo que usted sintió en el conservatorio.

— Es la misma

— Usted no me dijo como aprendió a tocarla.

— Cuando mi madre tenía días libres del trabajo, ella me llevaba a museos, teatros, parques, o sea, lugares públicos, buenos y baratos. Entonces, un domingo soleado, fuimos al parque, caminamos, comíamos un helado que tanto me gustaba cuando era pequeño y, sin pensarlo, entramos en el planetario. En el interior del planetario, viendo la proyección de las estrellas en el techo redondeado del salón, reconocí que la música que tocaba suavemente como tema de la exhibición, era la misma que la pianista tocó en el recital. A partir de ahí, siempre le pedía a mi madre que me llevara al planetario, y fuimos allí algunas veces. Aprendí a tocarla de oído, sin saber nada más sobre ella, después, mucho más tarde, cuando ya era adulto, descubrí que había sido compuesta especialmente para las estrellas.

— Usted me llevó allí en nuestro primer paseo y recuerdo de su mirada lejana. Sólo ahora lo entiendo.

— ¡Llegamos! Vamos o perderemos la parada de autobús.

Aproximadamente del 15% de las parejas en edad fértil tienen problemas para quedar embarazadas y, la mitad de ellas necesitará de la ayuda de la reproducción asistida.

ESTUDO CLÍNICO

— ¡Hola, buenos días! Pueden sentarse y explicaré a ustedes los procedimientos.

—- Buenos días, doctora; sé cómo funciona, mi vecina me lo explicó.

— Su vecina... ¿Ella es doctora?

— No, pero está participando en ese estudio.
— Este estudio clínico es una investigación para un nuevo medicamento, no podemos garantizar el resultado. ¿Ella le explicó eso?
— Lo sabemos, doctora. Pero ¿Cuáles son nuestras posibilidades de entrar en la lista?
— Cuando hacemos un estudio, tenemos que seguir un protocolo muy riguroso, sólo después de la evaluación seleccionamos las parejas que van a participar en la investigación. Además, tenemos más inscritos que vacantes, por eso, tampoco podemos garantizar que ustedes serán elegidos.
— Claro doctora, entendemos. Estamos acostumbrados a eso; para los pobres, solo puede ser así. Me parece que tener hijos es un derecho solo de los más ricos.
— ¿Usted procuró ayuda al Servicio Público?
— Sí, pero tardó mucho, cuando llegó nuestro turno, yo ya había cumplido la edad. Como no tiene medicinas para todos, ellos seleccionan hasta una cierta edad, y yo había completado sólo unos días antes. Pensé que lo reconsiderarían, porque la culpa fue de ellos que me hicieran esperar tanto. Hacer el tratamiento en un centro particular es muy costoso, nuestra única esperanza ahora es ser parte de ese estudio.
— ¿Ustedes están enterados que solo cubrimos las medicinas, análisis clínicos, consultas médicas y procedimientos relacionados con el estudio? ¿Y que tampoco ustedes serán remunerados?
— Sí, nos dijeron, es por la niña que vinimos aquí.
— Aquí, en sus documentos, dice que usted ya tiene tres hijos; ¿Por qué quiere uno más?

El acceso público a la reproducción asistida es muy limitado en Brasil, al igual que la cobertura de los planes de salud privados.

— ¿Por qué no tener uno más? En una consulta privada, ¿Usted haría esta pregunta?

— No tiene que responder.

— No se preocupe, estamos acostumbrados con eso también. Mis hijos son de otras relaciones que tuve cuando era más joven. Ellos son grandes e independientes. Ahora queremos tener a nuestra pianista.

— Pianista?!

— Sí, él toca piano muy bien y por eso nos conocimos.

— Interesante. Y, como sus hijos son chicos, ahora quieres una niña.

— No. Él cree que la música es un regalo que recibió de las mujeres y, por eso quiere retribuir.

— Me encanta la música también, pero fue por mi padre que me encantó el piano. ¿Cómo aprendió a tocar?

— Aprendí de oído, doctora; aprovechaba las oportunidades que encontraba en el camino. Al principio, tocaba en el órgano eléctrico del coro de la iglesia; luego, en el teclado de un bar, hasta que, un día, mi madre consiguió un piano de verdad. Era de una familia que lo usaba como mueble. Para completar el sueldo, mi madre era empleada del hogar en una casa, y cuando supo que se mudarían y no había lugar en la casa nueva para el piano, lo pidió, pensando que darían de regalo. Pero no. Ellos aprovecharon para hacer un buen negocio; vendieron descontando el pago que aún le debían y se deshicieron de aquel mueble. Recuerdo que ayudé a pagar con un pequeño ahorro que tenía y que era muy complicado llevar el piano a casa. Luego lo reformé yo mismo y lo afiné. Es mi compañero hasta el día de hoy y estoy muy orgulloso de él. Disculpe la pregunta, doctora, pero ¿Ese pianista en el cuadro es su padre?

— Sé que no se parece mucho a mí, pero es él. Era pianista como usted y deseaba que su hija también lo fuera. Desafortunadamente, nunca tuve ese talento, pero puedo pintar cuadros como este.

—Creo, doctora, que toda forma de arte es una oración para acercarse a Dios. Y usted debe acercarse mucho, porque pinta muy bien.

—Gracias, eres muy amable. ¿Qué hace en la vida? ¿Es músico?

—La música es sagrada para mí, no es para ganar dinero; hago eso como pintor, no soy como la doctora, que pinta telas.

—No deja de ser una coincidencia más entre nosotros y estoy segura de que debe ser un artista con las pinturas también.

—Doctora, volviendo a nuestro tema, él quiere tener una hija conmigo y va a tener que hacer análisis también, ¿Verdad?

—Sí, la información de los hombres es muy importante. ¿Usted ha intentado tener hijos antes?

—He tenido otras relaciones también, pero no sucedió.

—¿Ha hecho alguna evaluación de fertilidad masculina?

—¿Para qué, doctora? No es necesario. Simplemente no lo tuve porque querían tenerlo más tarde, entonces tomaban anticonceptivos.

—¿Seguro? ¿Dijeron eso a usted?

—No tengo problemas de impotencia.

—Creo que no, y no hay necesidad de enojarse. La infertilidad no tiene nada que ver con la impotencia. Los hombres también pueden ser infértiles, entonces también én necesitaremos sus análisis.

La infertilidad de la pareja todavía se atribuye, casi siempre, a la infertilidad femenina, a pesar de que la infertilidad masculina es un factor de igual importancia. Se puede considerar que alrededor del 30% de los casos tienen origen femenino; otro 30%, masculina; 30% de causa mixta y 10% sin causa aparente. Todavía, hay aspectos culturales que influyen en la sociedad para subestimar la infertilidad masculina.

NEGATIVA

—Perdón por hacerla esperar, pero tenía que atender a esta última pareja. ¿Usted vino sola hoy? ¿Él no vino?

— Mejor venir sola, porque hay cuestiones que mujer se entiende mejor una con la otra, ¿Verdad? Doctora, voy a necesitar mucho de su ayuda. Recibí esta negativa para participar en el estudio y quería conversar contigo, ¿Qué podemos hacer?

— Lo sé, y me sentí muy mal cuando vi la evaluación. Estaba en pensamiento positivo por ustedes, pero infelizmente la investigación sigue un protocolo y ustedes no fueron aprobados.

— Pero ¿Cuál es el problema? ¿Es conmigo?

— No, los resultados de sus análisis están de acuerdo con los parámetros de los estudios. El problema es él, y probablemente por eso que usted no puede quedar embarazada de manera natural. El espermiograma muestra que las posibilidades son muy bajas, incluso haciendo la fecundación in vitro. Por eso, ustedes fueron excluidos.

— ¿Pero si puedo generar los óvulos por qué no podemos intentarlo? Puede funcionar.

— Hay otras parejas que también quieren esa oportunidad y tienen más probabilidad de éxito que ustedes. Independientemente del estudio, todavía ustedes pueden intentar un embarazo con la donación de esperma e intentar una inseminación artificial, que es más simple y el costo es mucho menor. ¡Habla con él!

—¡De ninguna manera, doctora! Sabes cómo son los hombres, él no va a entender. No va a aceptar un hijo de otro hombre.

— Yo había entendido que él quería tener un hijo suyo...

— Así es, pero también quiere un hijo que sea de él. Él no habla, pero sé que lo intentó antes con las otras mujeres y no funcionó. La verdad, sabe que el problema puede ser con él, huye del asunto y no le gusta de hablar ese tema.

- Ustedes van a necesitar hablar de eso algún día y, cuanto más tarde, más difícil será encontrar una solución. Tuve otros casos similares y, poco a poco, logramos cambiar sus ideas. Puedo ayudar, vuelve aquí con él y hablaremos juntos.

— Doctora, es mujer y va a me entender. Él es más joven que yo y usted vio lo guapo que es, habla bien y tiene talento, puede tener a la mujer que quiere. Hijos yo ya tengo, pero no quiero perder a este hombre y él siempre quiso a esta niña. ¿No tiene una medicina, una vitamina, cualquier cosa que él puede tomar, cualquier cosa? ¿No puedo hacer parte de este estudio? Puede que tengamos suerte.

La tasa de fecundidad mundial está disminuyendo, y en muchos países se encuentra por debajo de 2,1 hijos por mujer, que se considera la tasa de reposición de una población.

— Ya terminamos la selección de pacientes en nuestro centro e, infelizmente, todavía tenemos pocos recursos para tratar la infertilidad masculina. Podría alimentar su esperanza y recetarle algo, pero en su caso, la probabilidad es realmente muy baja. En esta situación, lo más recomendable es la fecundación in vitro con semen donado.

— ¡Hay otra salida! Mientras esperaba en la sala, leí esos folletos que tiene allí sobre la donación de óvulos. La doctora dijo que mis óvulos son buenos. Entonces, si hago el tratamiento para donar mis óvulos, podría quedarme con algunos y luego hacer la fecundación in vitro por cuenta del centro, ¿Verdad? Otra amiga mía lo hizo y no tuvo que pagar nada.

— Aparentemente, tienes muchas amigas... No es tan simple. También tenemos criterios para la donación de óvulos, buscamos pacientes más jóvenes y que se encuadren en el perfil de las receptoras.

— ¿Qué perfil?

— Por ejemplo, semejanza física, escolaridad.

— Ahora lo entiendo. Para donar a rico también hay que parecerse rico. Soy mucho más bella que muchas personas ricas. ¡Mira esta foto de cuando era niña! Escolaridad es facil desarollar si tiene dinero.

— Usted es realmente hermosa y, además de todo, decidida. Aun así, no es tan simple.

— Sí, es simple. Muy simple. Es el color de mi piel, ¿No?

— Lo siento.

La donación de semen en Brasil es anónima, no puede ser remunerada y la información sobre el donante es limitada. En otros países, la información sobre el donante puede ser más detallada, incluidas fotos, o sea, la donación de semen puede comercializarse.

— Yo también lo siento, siento mucha rabia. Las personas como yo reciben lo negativo sin siquiera poder intentarlo. Recibí negativo del servicio público, negativo del estudio, y ahora negativo incluso para donar mis óvulos. ¡Lo correcto sería recibir el negativo en la prueba de embarazo de farmacia, y hasta para eso, a veces, el dinero no alcanza! Pobre necesita esperar retrasar la regla y empezar a tener náuseas para saber que está embarazada, fue así cuando tuve los niños. Al menos, el embarazo de los niños fue natural y no dependí de nadie.

— Lo entiendo.

— No, no entiende, sólo quien sufre sabe lo que es eso. Dependemos de la suerte para todo. ¿Por qué el gobierno, que hace tantas cosas equivocadas con el dinero, no puede al menos ayudarnos con esto? Debe ser a propósito, para que el pobre no tenga hijos.

— No pierda la esperanza. Vi muchas cosas buenas suceder cuando menos se espera. No lo sabemos todo y, a menudo, cuando el tratamiento no funciona, la naturaleza, por sí sola, nos sorprende. La concepción es un misterio y creo que cada bebé que nace es un milagro.

— Es él quien cree en el milagro, e incluso pone Nuestra Señora encima del piano para escuchar sus oraciones. Él dice que ella nos entiende porque también es negra, pero yo no creo en milagros. Sólo creo en mi corazón, que me lleva hacia adelante, me da la fuerza para no desistir.

— Piensen bien, ustedes tienen alternativas para formar una familia y, la adopción es una de ellas. Imagina cuántos niños esperan esta oportunidad.

Ella todavía pensó en llorar e intentar una vez más en convencer la doctora para participar en el estudio; si fuera un doctor, podría incluso funcionar, pero con otra mujer, no. Entonces, se levantó, arregló el pelo, dio la vuelta y, sin despedirse, salió a toda prisa, hacia la parada de autobús. Llovía mucho y el cielo parecía derrumbarse sobre su cabeza. En su rostro mojado, no se distinguía el agua de lluvia de las lágrimas. Ya era tarde y el autobús estaba vacío, ella se sentó en el fondo y lloró aún más. Sentía ira, angustia y, sobre todo, desesperanza. Pero el camino de regreso a casa fue largo, dio tiempo para calmarse y volver a pensar. Ella recordó la sugerencia de la doctora sobre la inseminación artificial con donación de semen. Podía, entonces, intentarlo de nuevo con un método más simple, menos costoso, elegiría en el banco de semen un donante con las características de él y, él ni siquiera necesitaría saber... Después de todo, los hombres son distraídos con estas cosas y también sería por su propio bien.

ESTRELLA

Cuando bajó del autobús, la lluvia se había detenido y ya no pensaba en nada más que llegar a casa. En el camino, miró hacia el cielo estrellado y la luna llena estaba brillando. Cuando se acercaba a casa, ya lo oía tocar; los vecinos nunca se quejaban. Mientras abría la puerta para entrar, miró hacia el cielo una vez más, vio una estrella fugaz. Entró y allí estaba, como siempre, tocando con la Nuestra Señora Aparecida encima del piano. Sin parar de tocar, dio una amplia sonrisa, se volvió hacia el piano, cerró los ojos y siguió tocando, inmerso en los recuerdos del recital en el conservatorio, de los paseos en el parque, de aquel día en la obra, imaginando a una niña que corría sosteniendo globos de colores. Ella lo abrazó suave y nuevamente lloró, sin que él se diera cuenta.

Estela nació algún tiempo después, muy parecida a su madre.

"*¿Que es el amor?*
¿Adónde irá?
Parece que no hay fin..."

(O que é o amor?
Onde vai dar?
Parece não ter fim...")

Versos iniciales de la canción O que é o amor? de los autores brasileños: Dudu Falcao y Danilo Caymmi. Sugerimos la grabación original en la voz de la cantante brasileña Selma Reis, 1990.

EMILIA

AMOR

— A ella le gustaba esa canción y vivía cantando por la casa.

— También me gusta mucho esa canción. A menudo me quedo aquí, escuchando algunas antiguas canciones durante los descansos, mientras pongo los correos electrónicos al día. Voy a colgar la música para conversar con usted.

— Déjalo en volumen bajo, que no molesta y me trae buenos recuerdos.

— ¡Disfruta de los recuerdos y cuéntame más sobre ella!

— Era muy juguetona e inteligente.

— Han pasado tres años, ¿Verdad?

— Sí, pero parece mucho más tiempo. La falta que hace aumenta el tiempo.

— Lo siento mucho, sé lo difícil que es perder a una persona amada.

— No quiero distraer usted con estas historias...

— Por el contrario, cuenta lo que quiera.

— No es sencillo.

— Nunca lo es, por eso usted está aquí.

— Tiene razón, y su reputación es muy buena. Conocí a algunos de sus clientes, y dicen que usted es diferente.

— Son generosos, tal vez lo digan porque pongo todo mi corazón en lo que hago.

— Debe ser eso, pero confieso que dudé en venir aquí. Buscaba un perfil más técnico, siempre pensé que al final del día prevalece la racionalidad, en los tribunales y fuera de ellos.

— No siempre, por supuesto, nunca es solo eso. Creo que es en la comprensión de la ambigüedad humana que encontramos los caminos. La clave es la empatía y la atención a todo lo que se dice y a lo que no se dice.

— Demasiado subjetivo para mí. Pero, si tenemos resultados, ¿Por dónde empezamos?

— ¡Por el principio! Voy a hacer muchas preguntas, tenga paciencia conmigo. Empiece por contarme cómo se conocieron y cuándo empezaron a vivir juntos.

— ¡Es una historia bastante común! Nos conocimos todavía en la escuela secundaria y comenzamos a salir cuando estábamos en la Universidad. Fuimos a vivir juntos poco después de graduarnos y conseguir un trabajo.

— ¿Y cuándo se enteraron de que ella estaba enferma? ¿Qué edad tenían?

— Más o menos en esa misma época; teníamos 25 años. Ella fue al ginecólogo para un análisis de rutina y la mamografía detectó el tumor de mama.

— Creo que fue un susto enorme, aún más siendo tan jóvenes y comenzando la vida.

— Sí, un susto enorme. Todo se puso patas arriba. Inmediatamente buscamos al oncólogo, con la esperanza de que fuera algo menor, fácil de resolver. Pero, desafortunadamente, era grave.

— ¿Y ahí es donde ustedes congelaron los óvulos?

— Felizmente, sí. Todavía no pensábamos en tener hijos, sin embargo, por insistencia del médico, buscamos un experto en oncofertilidad. Él nos convenció de la importancia de congelar los óvulos antes de comenzar la quimioterapia, ya que el tratamiento podría afectar su fertilidad y dificultar el embarazo en el futuro.

— Era como un seguro si deseaban tener un hijo después.

— Exactamente, pero no teníamos mucho tiempo. El tumor era agresivo y la quimioterapia tenía que comenzar pronto. Tuvimos que comenzar las inyecciones para inducir la ovulación incluso antes del nuevo ciclo de la regla. No podía esperar.

— Una situación muy difícil para una pareja tan joven. ¿Ustedes contaron con el apoyo de la familia?

— Sí y no. Sí con respecto al tratamiento del cáncer, pero no con respecto a la congelación de óvulos, que hicimos sin decir a ellos.

Hay alrededor de 70 mil nuevos casos de cáncer de mama por año en Brasil.

— ¿Y por qué?

— Por parte de su familia, había un descontento con nuestra relación. Siempre fueron muy ricos, y como venía de una familia muy simple, pensaron que no era adecuado para su hija. Me trataban con educación y ese prejuicio no era explícito; sin embargo, yo sentía que ellos esperaban que, con el tiempo, nuestra relación terminara, después de que la enfermedad fuera superada. La oportunidad de la congelación de óvulos nos llevaría en otra dirección, nos daría un futuro.

— Y con su familia, ¿También había un problema?

— Sí, la religión. Ellos son muy conservadores y, no nos casamos en la iglesia, entonces para ellos eso era un problema, a pesar de mi familia gustar mucho de ella. Sería aún más difícil para ellos aceptar la idea de la congelación de óvulos. La reproducción asistida era algo inconcebible porque, desde sus perspectivas, sería antinatural y contra las leyes de Dios.

— ¿Usted se sentía culpable?

— Sí, crecí en este ambiente muy riguroso y siempre tuve un apego muy grande con mi familia. Sufrí por no seguir el camino de ellos, como hicieron mis hermanos menores, y la idea de la reproducción asistida aumentaría nuestro alejamiento. Mi padre nos enseñaba, cuando aún éramos niños, que la vida debía ser aceptada tal como es. Decía que los obstáculos que tenemos en la vida provienen de Dios y, por lo tanto, tienen una razón de ser.

Cada religión ve la reproducción asistida desde diferentes perspectivas y este es un factor muy relevante en la toma de decisiones de las familias a lo largo de cada fase del tratamiento.

— ¿Y su madre? ¿Cómo reaccionó a todo esto?

— Mi madre evitaba contrariar a mi padre, escuchaba lo que él decía y no discutía, pero yo sabía que, en el fondo, era mucho mayor la comprensión que ella tenía de la vida.

— Y su compañera, ¿Cómo era estar enferma y tener el deseo de ser madre?

— Era muy práctica. Yo, sin embargo, tenía muchas dudas.

— ¿Por qué, entonces, usted siguió adelante?

— Por ella.

— ¿Y ahora?

— Por mí.

— Después de la quimioterapia, cuéntame más sobre lo que sucedió.

— Ella se recuperó bien y volvimos a una vida normal, y luego el deseo de ser madre se hizo cada vez más fuerte. Entretanto, quise esperar un poco más, hasta que, unos tres años más tarde, decidimos tener a nuestra hija.

— ¿No podría ser un hijo también?

— Sí, sí, claro, pero ella soñaba primero con una niña y ya tenía un nombre para ella. Cuando era pequeña, pasaba las vacaciones en el sitio de la familia, en el interior, y vivía fantaseando con las historias de Monteiro Lobato que su abuela contaba a la hora de dormir. Ella me aseguró que ya había visto el Saci-Pererê y la Cuca, personajes del folclore brasileño. Lo decía con tanta convicción que hasta creía.

— A mí también me encantaban esas historias y me hacía de Pedrito. Y ella, ¿Con quién fantaseaba?

— Era pelirroja y pecosa...

— ¡No es difícil de adivinar!

— Ella vivía agarrada con una muñeca de trapo que guardó de la infancia, del tipo que se hacía antiguamente. Peinaba la muñeca y la abrazaba como si fuera un bebé, y cantaba esa canción para que la muñeca durmiera. Me reía y decía que ella estaba loca, y me respondía que solo estaba entrenando. Guardé la muñeca y la colección de Monteiro Lobato para regalar a nuestra hija. Se llamará Emilia.

Monteiro Lobato fue un escritor de gran importancia en la literatura brasileña, especialmente reconocido por sus historias infantiles. Emilia y Pedrito son personajes de estas historias, así como el Saci-Pererê y la Cuca, que son seres míticos del folclore brasileño.

— No podrían haber elegido un nombre mejor. ¿Cuándo decidieron hacer la fecundación in vitro?

— Ella quería hacerlo pronto, pero insistí en que podíamos intentarlo de manera natural primero. Lo intentamos por un tiempo, pero no funcionó. El doctor tenía razón. La quimioterapia afectó la fertilidad, entonces no tuvimos otra opción. Finalmente, acepté la idea de hacer la fecundación con los óvulos que ya estaban congelados.

— Entendí, de nuestra última conversa, que la fecundación fue exitosa. ¿Qué pasó?

— De hecho, conseguimos embriones sanos e hicimos la transferencia, la implantación fue exitosa y durante algunas semanas el feto se desarrolló bien, pero ella abortó naturalmente después. Todavía teníamos algunos embriones congelados y podríamos haberlo intentado de nuevo poco después. Solo que decidimos, antes, hacer el viaje de luna de miel que nunca habíamos hecho. Viajamos y volvimos motivados de comenzar de nuevo e intentarlo una vez más, pero...

— En su tiempo. Voy a traer agua...

— El resto de la historia, usted conoce.

— Usted sabe que va a ser difícil usar esos embriones ahora, aunque sean de su esposa.

— Difícil es entender cómo puede ser más fácil donar anónimamente a extraños que recuperar mis propios embriones.

— Es un tema un poco complejo.

— No, es sólo una cuestión de sentido común.

— ¿Para quién? Muchos piensan diferente. Como usted mismo sabe, la religión, la cultura y la experiencia de vida de cada uno producen diversas perspectivas. El juez que va a juzgar su caso también es humano, y está sujeto a todos estos factores.

— ¿Y qué hacemos? ¿Cuáles son las posibilidades de ganar este caso?

— Todo va a salir bien, confía en mí. Tendremos que considerar todas las objeciones posibles e investigar la jurisprudencia. Sin embargo, su caso no es el primero todavía, todo esto es muy nuevo. Y así como la sociedad está aprendiendo con estos problemas, también lo está la justicia.

— ¿Qué tipo de objeciones podemos tener?

— Primero, necesitamos demostrar que ella quería tener a ese hijo con usted, y luego, convencerlos de que usted puede ser un buen padre en esas circunstancias.

— ¿Cómo? ¿Qué circunstancias?

— De padre soltero.

— Nunca pensé en eso. Si yo fuera mujer, ¿Tendría que convencer a alguien? Una madre soltera que embaraza con inseminación artificial y semen donado no necesita probar nada. ¿Por qué sería diferente conmigo?

— Porque el hombre también sufre prejuicios y este es uno de ellos.

— ¿Usted ha tenido algún caso así?

— Más que eso, fui criado solo por mi padre y vi cómo sucede eso.

— No sabía. ¿Y cómo fue?

— Fuimos muy felices, así como ustedes también lo serán. Pero centrémonos, por el momento, en demostrar que esa era la voluntad de su esposa. ¿Ustedes conversaron acerca de esta posibilidad? ¿Combinaron lo que harían? ¿Ella dejó alguna autorización por escrito o algún tipo de testamento?

— Mirando hacia atrás, sé que ella trató de hablar conmigo, pero aceptar su ausencia era una idea que no quería enfrentar y de alguna manera evité la conversa. No quería admitir que esto pudiera suceder, pero ahora estoy aquí.

— ¿Cómo usted logró mantener los embriones congelados todo ese tiempo?

— Simplemente, no avisé a la clínica que ella había fallecido y seguí pagando la congelación de los óvulos.

La discusión de la ética respecto a la reproducción asistida es uno de los mayores desafíos contemporáneos. El avance de la ciencia, en las últimas décadas, ha impuesto dilemas que aún se están elaborando y cada sociedad ha respondido a ellos de diferentes maneras.

— Encontraremos una solución y lograremos liberar legalmente los embriones, pero, aun así, usted necesitará una receptora o, como dicen, una gestación por sustitución, y la legislación solo lo permite si es voluntario y pariente hasta el cuarto grado. ¿Alguna vez ha pensado en eso?

— Sí, y cometí un error. Me apresuré y me acerqué a su familia, pensando que estarían contentos con esta posibilidad y me apoyarían. Su familia es grande, tiene hermanas y primas que podrían ser voluntarias.

— ¿Los padres de su esposa ya tienen nietos?

— Sí, tienen.

— Puedo imaginar cuál fue la respuesta de ellos.

— Mirando hacia atrás, sé que fui ingenuo, pero me sorprendieron con una actitud que no podía esperar. No me apoyaron, como también me advirtieron que no me permitirían usar los embriones, y ya han acudido a la justicia.

— Deben estar preocupados por el derecho a la herencia, y sin duda eso complica el caso.

— ¡Sólo quiero a mi hija, no una heredera!

— ¿Su familia ya sabe todo esto?

— No tuve el coraje de involucrarlos, pero mi madre también me sorprendió. Cuando pensé que no tenía salida, mi madre me dijo que, antes de mi esposa morir, tuvieron una conversa.

— Por lo que usted me dijo, sé que eran muy amigas.

— Se adoraban, y ella hizo un pedido a mi madre que yo desconocía. Pidió que me ayudara a cumplir nuestro sueño, incluso sin ella.

— Así que su madre puede ser el testigo que necesitamos para demostrar que era voluntad de ella.

— Más que eso, mi madre se ofreció como receptora.

— ¡Por eso no me lo esperaba! ¿Qué edad tiene? ¿Su madre todavía puede quedar embarazada?

— Yo soy el primogénito y mi madre era muy joven cuando nací. Consultamos a una médica experta que nos explicó que ella está en el límite de la edad, pero aún puede tener una gestación exitosa. De cualquier manera, no podemos esperar mucho.

— ¿Y la religión? ¿Cómo lo resolvieron con su padre?

— Ella argumentó que los embriones congelados son almas que quedan suspendidas entre el cielo y la tierra y que sus nietos no merecían ese destino.

— ¿Cuál fue reacción de su padre?

— En el primer momento, no dijo nada y se quedó callado por unos días. Luego se acercó a mí, junto con mi madre y mis hermanos, y me dijo que permitir que sus nietos se quedaran en el limbo sería un pecado aún mayor que tratar de traerlos a la vida. Por lo tanto, lo aceptó como una misión.

— ¿Usted piensa que su padre realmente cree en eso?

— ¿Eso importa?

— Qué bonita historia.

— Contaré un día a Emilia.

Emilia es alegre y vive agarrada con su muñeca. Dice que cuando crezca, será abogado como su padrino.

Cabeza,
Pensamientos,
Remolino.

Pecho,
Vacío,
Soledad.

Instrumento,
Conecto,
Ausculto.

Corazón,
Encuentro,
Es allí.

LOUISE

FOTOS EN LA PARED

Las fotos en la pared del consultorio guardan las muchas historias que han pasado por mí durante todos estos años. Es inevitable no sonreír y sentir una pizca de felicidad cuando veo la carita de los bebés y la alegría estampada en el rostro de los padres en las fotografías. Sin embargo, muchas historias que pasaron por aquí no dejaron fotos, y esas las guardo en mi pecho, muy cerca de mi propia historia. Todas son historias de amor. La mía todavía está siendo escrita y no sé cómo será el final, pero ya reservé un lugar especial en la pared: está allí, en un rincón discreto, cerca del cuadro de mi padre. El pianista y su esposa me recordaron mucho a él. No me parezco físicamente a mi padre y no heredé el don de la música. Aún hoy, tengo dudas si él realmente es mi padre biológico, pero eso nunca importó, porque siempre me sentí muy amada. Él decía que, en la vida, todo se arregla, por eso vida es una palabra femenina, y cuando las cosas se complican, es la mujer la que siempre se las arregla. Con la infertilidad es así: los hombres generalmente quieren evitar, mientras las mujeres toman la iniciativa y enfrentan el problema. ¿Es el tiempo más corto de nuestro reloj biológico que nos hace así? Me han dicho que, por instinto, los hombres se interesan más por la mujer y el sexo, y las mujeres por los hijos y la maternidad. Se dicen muchas cosas, pero con mi último paciente no fue así. Él quiere dar la vida a su embrión, pero su esposa ya falleció. Hay un cambio en curso que veo en muchos hombres viudos, separados, solteros y homosexuales que acuden a mí aquí en la clínica. Creo que ellos están aprendiendo y nosotros estamos ganando más tiempo para tomar nuestras decisiones, y con eso, más autonomía. Aun así, me pregunto de dónde viene esa fuerza y coraje de ser madre que yo misma no tuve. Creo que no es sólo instinto, es más profundo. Viene del amor. Recuerdo cómo mi padre me abrazaba.

Aquí, sola, en el silencio, mirando esas fotos, me vienen tantos recuerdos. Y este vacío en el pecho. Este vacío me molesta cada vez más. No es arrepentimiento o culpa, es una especie de dolor conmigo misma, es como si también hubiera abortado mi corazón.

Necesito tomar un poco de aire y, por la ventana, observo los árboles del parque. Veo a la gente caminando, corriendo, paseando, niños jugando. Nunca me gustó correr, pero corrí muchas veces allí, solo para quedarme con él. Era el tiempo que teníamos fuera del hospital donde yo hacia la residencia y él era el jefe del departamento. En aquella época, vivir una relación con un hombre al que admiraba, más maduro y que se destacaba, alimentaba mi ego. Él estaba casado, lo que para mí era aún mejor, por la aventura y la libertad. Me sentía poderosa y me encantaba coquetear con él en el hospital, haciendo un juego secreto, excitante y arriesgado. Fue divertido e inconsecuente. Provocaba sutilmente los celos y la envidia de las otras mujeres; y me gustaba, aumentaba aún más mi ego. Creía que el único riesgo que corría era que se revelara nuestro secreto, lo que, en última instancia, sería más su problema que el mío. Sólo después entendí que arriesgué mucho más de lo que pensaba y perdí mucho más que él. Ahora, veo cómo fui solo el personaje de una historia cliché que terminó con un embarazo no planificado, el final de una relación y un aborto. Después del susto con el resultado de la prueba de embarazo, durante algún tiempo me encantó la idea de la maternidad, fantaseé vivir con él y con el bebé. Pensé que nuestro hijo sería tan hermoso como los hijos que él tenía. Sentía un mareo cuando pensaba en la situación, al mismo tiempo que venían, en la cabeza, mis proyectos de carrera y lo que mi madre diría si supiera. Fue difícil, muy difícil. El miedo y la fantasía todavía estaban mezclados cuando lo busqué para contarlo. Su reacción fue fría y tenía rabia, pensó que había sido intencional. Soy médica y todavía me pregunto cómo fui tan descuidada - o no. No sentí enojo con él, sentí culpa. Al final, me organicé, racionalicé y tomé la decisión que tomé. Fue consciente y fue por mí, por mis proyectos, no fue por él. Da un alivio pensar que lo hice por amor, amor propio, aun así, siento este vacío. A veces pienso si hubiera sido diferente si él hubiera querido, incluso si no se hubiera quedado conmigo. Nunca dije a mis padres, pero creo que sé cómo actuarían, especialmente a mi madre. Tal vez, eso podría también haber sido diferente y haber cambiado esa historia.

Luego me alejé de él y comencé de nuevo la carrera en el Servicio Público. Fue allí en la emergencia del hospital, donde vi a muchas mujeres que también se descuidaron, debido a un procedimiento clandestino. Yo tuve hemorragia, pero estaba bien amparada. Cuando recuerdo lo que me pasó, con mucha

El aborto inducido está criminalizado en la mayoría de los países latinoamericanos. En Brasil, se estima que alrededor de 1 millón de procedimientos clandestinos ocurren cada año, generando hospitalización, complicaciones graves y muerte.

tristeza recuerdo también de aquellas chicas que no tuvieron la misma suerte. Muchas mueren de esa manera.

También fue allí donde encontré la alegría de ayudar a otras mujeres que querían ser madres, pero no podían quedar embarazadas. Aprendí que en la vida hay muchos amores y encontré amor en lo que hago hasta el día de hoy.

Me vuelvo a las fotos y pienso en cuántas veces me preguntaron cuándo pondría la foto de mi bebé en esta pared. Es casi inevitable y, la pregunta generalmente viene de mis amigas, pero también de algunas pacientes después de que han tenido éxito con la reproducción asistida. Los hombres nunca preguntan. Sonrío y respondo, con naturalidad y confianza, como mi madre me enseñó, que estoy bien resuelta con mi trabajo y me gusta la libertad que tengo. Es una verdad a medias. La otra mitad de la verdad, que guardo y no revelo, es que tengo demasiado miedo de estar sola. Mi padre ya murió y mi madre, en cierto modo, también; ella tiene Alzheimer. Él era dulce, cariñoso, sencillo y tranquilo. Mi madre siempre fue racional, vanidosa, compleja y egoísta. Amé mucho a mi padre y aprendí mucho con mi madre. Admiraba demasiado mi madre por su inteligencia y astucia, a pesar de su arrogancia. Mucho de ella quedó en mí, en la apariencia, en la manera de pensar y de actuar. Aprendí que debía estudiar y trabajar mucho, mantener siempre la postura, ser muy selectiva con las amistades y, principalmente, con los amores. Ella decía que yo debía sonreír siempre, escuchar más que hablar, preguntar mucho, responder sólo cuando interesara y jamás revelar la edad. Decía también que los hombres son sencillos, no resisten las lágrimas de una mujer, y que consigue mucho de ellos con el sexo. Ya las mujeres son sutiles y en ellas se debe confiar siempre desconfiando, pues están constantemente premeditando algo. Con la experiencia, ahora entiendo que, en gran medida, ella tenía razón. Hoy, ella no puede peinarse y ya no me reconoce. Soy su hija única y la cuido con la ayuda de dos ángeles que trabajaron conmigo en el hospital donde me especialicé en medicina reproductiva.

Al ver a mi madre así, me aterroriza la soledad, la fragilidad de la vejez y la posibilidad de haber heredado su enfermedad también. ¿Quién cuidará de mí?

Si pudiera retroceder en el tiempo, creo que cambiaría muchas cosas. Siempre pensé que la suerte no existía, pero existe y es como un tren que pasa frente a usted; pasó, pero no abordé. Pensé que no me llevaría a donde planeaba llegar. Calculé demasiado. Él era guapo, alegre, un poco tímido, una persona sencilla, recordaba a mi padre. Nos conocimos por casualidad y era poco probable que todo no fuera más que otra aventura fugaz. Poco a poco, con esa manera sin pretensiones y al mismo tiempo intensa y espontánea, me desarmó. Estuvimos juntos durante bastante tiempo, él quería tener una familia y yo también comencé a querer, pero no encajaba en el perfil que tenía en mente. En ese momento, ya había congelado mis óvulos y eso me dio tiempo para elegir mejor. Confieso que no fue fácil separarme. Yo tenía muchos sentimientos por él. Creaba peleas innecesarias, separaba, lo echaba de menos, volvía. Una de las veces que rompimos, había quedado embarazada. Pensé en ser madre sola, sin que nadie lo supiera. Desaparecería por un tiempo, y cuando volviera, comenzaríamos de nuevo solo nosotros dos. ¡Cuánta locura para quien tanto calcula! Perdí el bebé naturalmente. Y él también. Después de eso, tuve varias aventuras con hombres que encajaban mejor en el perfil, pero con ninguno fue amor. Con él, lo fue.

Ahora miro la foto de Ana, que está en mi escritorio, y empiezo a reír sola. Ana es mi ahijada y su madre es mi mejor amiga. Es la historia del embarazo de la madre de Ana lo que me hace reír cada vez que recuerdo lo que sucedió. Estábamos junto con otras amigas, celebrando su cumpleaños de 45 años y le regalé la novela de Tolstói que más me gusta. Ella miró el libro, dijo que le encantaba y fue entonces cuando, repentinamente, pidió la atención de todas para revelar una decisión. Como ella era un poco loca y muy divertida, nadie se lo tomó en serio cuando ella comunicó que, inspirada en mi regalo, tendría una hija y su nombre sería igual de la protagonista de la historia del libro. Luego explicó que, como no tenía marido ni novio, a partir de esa noche, jugaría una especie de ruleta rusa hasta quedar embarazada. El juego seria así: iría a una fiesta, elegiría a un hombre hermoso y con buena conversación, saldría con él sin usar preservativos, y ella dejó en claro que ya había dejado el anticonceptivo durante algún tiempo. Ella jugaría con la suerte, como se juega en la ruleta rusa, sólo que, en su versión del juego, la lógica era invertida: el error sería el acierto, y la vida no la muerte, sería el resultado. También contó que adoptaría dos reglas: nunca repetir el compañero y seguir el protocolo sistemáticamente hasta quedar embarazada. Bromeando, ofrecí como alternativa un tratamiento de reproducción asistida con un descuento especial, lo haríamos allí en la clínica y yo sería la madrina de la niña como parte del paquete promocional. Ella agradeció, aceptó que yo fuera la madrina, pero aseguró que, incluso con el descuento, la ruleta rusa era mucho más barata y, con toda seguridad, mucho más divertida. Después de eso, afirmó con seguridad que, considerando las probabilidades de un acierto en cada seis intentos, el período de ovulación, tres fiestas por semana, la tasa de fertilidad promedio de los hombres, y asumiendo por supuesto que ella era cien por ciento fértil, en tres meses, estaría embarazada. No sé si fue porque es bioestadística o porque nadie la tomó en serio, el hecho es que no nos atrevemos a discutir la precisión matemática de su estrategia. En esa misma noche, ella comenzó a incumplir el plan, bebió demasiado y tuve que llevarla directamente a su casa. Ella afirma que comenzó el proyecto al día siguiente, pero incumplió la regla de no repetir el compañero. ¡Pero la regla de probar suerte sistemáticamente hasta quedar embarazada, esa sí, cumplió literalmente! Mi amiga encontró al padre de Ana, quedó embarazada en tres meses, como había pronosticado, y están juntos hasta el día de hoy. ¿La locura acierta más sus cálculos que la razón? Recuerdo a mi padre diciendo que mi madre tenía razón cuando decía que con la vida no se juega, pero siempre completaba diciendo que, aun así, se puede jugar en la vida. Tal vez, todo lo que nos sucede es más fruto del azar y de la suerte de lo que queremos admitir. Ahora sé que debería haber jugado más.

¿Por qué justo ahora me estoy cuestionando tanto? ¿Ser exitosa en la carrera, financieramente independiente y estar bien sola no es suficiente? Creo que la mujer es siempre tan cobrada por todos que, involuntariamente, pasamos a cobrarnos demasiado de nosotras mismas. No tener un hombre al lado o no haber sido madre es una especie de fracaso, y es difícil saber cuál de los dos es peor. Una paciente me dijo, una vez, que era obligación de la mujer cumplir su profecía, la maternidad. De un hombre no se pregunta nada de eso, pero nosotras tenemos que justificarlo por toda la vida. Es un tipo de acoso sutil, disfrazado y gradual, que se va arraigando en nosotras. ¿Es de ese lugar que viene esa voluntad de ser madre? Hoy, no estoy sola, fue la madre de Ana quien nos presentó. Él es empresario, separado, y sus hijos son mayores de edad y viven con la madre en otro país. No es muy culto, prefiere bucear y navegar do que leer, pero es razonablemente inteligente, y admito que el estado y la condición financiera compensan mucho. Me gusta su encanto, es divertido y le encanta viajar, como a mí. Los criterios en mi checklist no cambiaron mucho, pero confieso que la puntuación mínima exigida hoy es mucho más baja, y hay una exigencia que ganó más peso con el tiempo, sentido del humor, y en eso, él puntúa bien.

Siendo médica, no puedo evitar incluir su perfil clínico y genético en la evaluación, especialmente

PGD: Preimplantation Genetic Diagnosis (DGP: Diagnóstico Genético Preimplantacional), que se puede realizar con embriones y se puede utilizar como criterio de selección (screening).

considerando la posibilidad de tener un hijo con él. En este caso, puntúa menos, pero no es grave - nada que mis amigos no puedan resolver en el laboratorio, con PGD y screening. De todos modos, con el nuevo enfoque, él aprueba. De cualquier manera, llevaba esto mucho menos en serio después de que una amiga psicóloga propuso una autoevaluación.

Éramos cuatro amigas, estábamos reunidas en la casa de una de ellas para hablar de la vida - de la nuestra y, principalmente, de otras personas - y jugábamos de aplicar mi método para evaluar algunos targets. Fue entonces que una de nosotras propuso que calculáramos nuestra propia puntuación. Hicimos una autoevaluación y nos divertimos comparando los resultados, todos altísimos, por supuesto. Pero, haciendo una reflexión sincera, mi puntaje no es tan alto. El juego dejó de ser divertido! La verdad, estoy muy preocupada. Tendremos que conversar y, como él ya tiene hijos, es muy probable que él no quiera tener una relación más profunda de lo que tenemos ahora. Es más fácil vivir en la superficie, la conversa sobre un niño va a ser un buceo que, ciertamente, él no tendrá aliento. Bucear sola, por otro lado, también me asusta. Sea lo que sea, me decidí: si él no quiere, no hay problema, haré como tantas veces recomendé a mis pacientes y tendré mi maternidad sola.

La capacidad de selección genética aumenta día a día. El trasplante de útero es una realidad y la posibilidad de gestación artificial ya ensaya sus primeros pasos.

Necesitamos profundizar rápidamente nuestra reflexión moral y espiritual para dar cuenta de ese ilimitado e inevitable desarrollo científico, que podrá transformar el futuro de la humanidad.

Mismo estando tan determinada, es extraño estar del otro lado de la mesa y me sorprendo teniendo las mismas inquietudes y dudas de mis pacientes, para las cuales siempre tuve respuestas tan ciertas: ¿Si mi hija nace con algún problema hereditario? ¿Puede mi edad afectar la genética? ¿Cómo seré madre con más de sesenta años de una adolescente? ¿Qué diré a ella en el día del padre? ¿Y si puedo elegir el sexo, el color de los ojos...? ¿Y si al final no funciona?
Esta vez calcularé menos y pondré la foto de mi bebé en ese pequeño rincón de la pared. Después de todo, como decía mi padre: "En la vida, todo se arregla". Y, aquí en la clínica, con la ayuda de la ciencia y de las nuevas tecnologías, mis amigos del laboratorio ya están consiguiendo arreglar muchas cosas. Voy a buscar a la madre de Ana para decirle que ella será la madrina de Louise.

Louise es muy hermosa y sus fotos están por todas partes en el consultorio de su madre.

"Magnum, o Asclepi, miraculum est Homo".

EVA

HOMBRES-DIOSES

— *"Magnum, o Asclepi, miraculum est Homo".* Interesante esta inscripción que usted eligió colocar aquí en la entrada de nuestro nuevo laboratorio.

— Lo pondremos justo encima de la puerta. ¿Cree que nuestros colegas aún recuerdan la historia del hijo de Apolo con la mortal Coronis?

— ¡Claro que sí! Asclepios es el Dios de la Medicina. ¿De dónde usted sacó esa frase?

— Da Oratio. Así es como Mirandola comienza el libro. Regalé a usted cuando todavía estábamos en la Universidad.

— ¿Como pude olvidarme? Le encantaba recitar este pasaje, y decía que representaba la idea del "hombre como centro del universo y artífice de sí mismo".

— ¡Fue la idea que transformó el mundo! Los griegos creían que el hombre podía alcanzar la perfección y el Humanismo Renacentista rescató esta creencia.

— Usted explicaba que esa es la base de la ciencia que practicamos todavía hoy y que el Oratio es la obra maestra de ese pensamiento.

— Adecuado para un laboratorio de embriología y genética, ¿No?

— Sé cuál es su intención, pero usted sabe que no soy religioso ni filósofo.

— Aun así, es un humanista, como yo.

— Lamento decepcionar usted, pero estaré de acuerdo solo porque se volvió sofisticado en latín y le dará cierto encanto en la inauguración.

- Es una pena que sea tan mundano. La búsqueda de la perfección a través de la ciencia es una búsqueda divina, y el latín es el idioma de los ángeles.

— Para mí, el latín es inútil hoy en día y nadie entenderá a dónde usted quiere llegar con eso. Mientras tanto, causará una buena impresión y será feliz. Entonces, está bien, adelante.

— Quizás pocas personas comprendan este significado hoy, pero en el futuro, cuando nuestra obra esté completa, muchos lo comprenderán.

— Sí, comprenderán como fruto de la ciencia, no de un milagro. Usted exagera, y su búsqueda divina es en vano. Culpa de los padres. Ellos sobrecargaron usted con creencias. Si mi especialidad fuera psiquiatría, me arriesgaría a decir que tiene trauma infantil (habló con ironía y se rieron juntos en ese momento). Si hubiera jugado más con los otros niños en el orfanato, en lugar de estar todo el tiempo entre la capilla y la biblioteca, habría se divertido más y ahora sería tan mundano como yo.

— No hable mal de los sacerdotes, ellos fueron verdaderos padres para mí. De hecho, no tenía muchas alternativas, porque los otros niños pasaban gran parte del tiempo corriendo y jugando a la pelota; ¿Cómo podría jugar con ellos con esta pierna mía? En cualquier caso, no me quejo, todo lo contrario, porque encontré consuelo en la capilla y me encantaba quedarme en la biblioteca. Y fue allí, entre los libros, donde encontré a Mendel y me fascinó la genética.

— Entonces, mi caro amigo, su caso puede ser más grave. ¡Usted proyecta su fantasía en una experiencia de la infancia, cree que es un monje como Mendel y el laboratorio es su monasterio!

Se rieron una vez más.

—¡Yo diría que usted es un ateo ingenioso! Pero también diría que su posición es muy cómoda. Como se ha dicho, ser ateo exige menos que ser creyente, necesita poca elaboración. Por otro lado, el camino de la fe es largo y complejo y requiere mucha disciplina y conocimiento. Por eso, las ciencias, las artes, la filosofía y la historia son buenas compañeras de jornada.

—Su fe puede necesitar la ciencia y otras compañeras, pero la ciencia no necesita la compañía de la fe y sus amigas. Al menos, mi falta de fe nunca limitó nuestro trabajo. Por otra parte, ¿No es curioso que su Dios conceda tantos dones a los ateos como yo?

—Lea en la Oratio: "[...] ¡admirable felicidad del hombre! A quien se le concede obtener lo que quiere, ser lo que quiere [...]". Vea que, como usted dijo, la ciencia es, ante todo, una concesión y el hombre tiene el libre albedrío para seguir perfeccionando la mayor obra de Dios, que es el propio hombre. Creo que avanzamos con nuestra ciencia porque se nos permite y porque la perfección nos llevará inexorablemente a Él, incluidos los ateos, como usted.

—Eso es un error. Avanzamos con la ciencia porque es inevitable y, si no completamos pronto nuestro proyecto, otros vendrán y lo harán. Por cierto, Mendel nunca se convirtió en santo, pero podría haber ganado el Premio Nobel - si existiera en ese momento - y tenemos muchas posibilidades de ser galardonados que beatificados. ¿Quién sabe no es por eso por lo que dejó el sacerdocio y está aquí ahora? Tal vez su creencia es sólo vanidad disfrazada de espiritualidad.

—Podría ser el caso, si pudiéramos revelar lo que hacemos aquí, pero usted sabe que no podemos.

—Solo por ahora. De cualquier manera, si no es la vanidad, puede ser que sea la ambición. Tal vez usted sea un hombre de fe, pero mucho más ambicioso de lo que parece, y quiera mucho más que un premio o conquistar la santidad. ¿Quién sabe usted no quiere su lugar? Después de todo, Asclepi nació humano y se convirtió en un Dios por su obra, por la ciencia. ¿Es esto lo que usted quiere? ¿Sería esa, de hecho, su pretención?

— Eso sería soberbia, un pecado obvio para un hombre inteligente, ¿No cree?

— Al menos, sería merecido; después de todo, nosotros ya conseguimos corregir muchos de los errores de su Dios y, pronto, iremos más allá. Si usted fuera hijo de nuestra Eva, no habría nacido con este defecto en la pierna. ¡Vamos a superarlo!

— Si quiere superarlo, está admitiendo que Él existe. Aparentemente, usted está se convirtiendo...

— Si usted tiene razón y él existe, debemos asumir la existencia del otro también. Si ese es el caso, tendremos que hacer pronto una elección y, sin duda, yo prefiero ir para el lado del otro. Entre la virtud y el vicio, la ciencia se aprovecha mucho más del segundo. Debe ser por eso que Asclepi tiene una serpiente en su bastón y nuestro laboratorio está en un subterráneo...

— ¡Gracias a Dios usted es ateo! Sigue dedicándole a la ciencia, que yo me ocupo de la teología. En mi creencia, Dios es uno y la diferencia entre vicio y virtud es la misma entre veneno y medicina. Un poco de vanidad, ambición e incluso soberbia pueden ayudar si tenemos cuidado con la dosis.

— Pero ¿Cómo saber cuál es la dosis correcta en la ciencia que hacemos? Allí arriba, en la clínica, atendemos a personas que no pueden tener hijos de manera natural y hemos ido mucho lejos de lo que la naturaleza ha concebido. ¿Hasta dónde deberíamos ir, según su creencia?

— No tengo ese dilema. Nada es más natural que querer tener un hijo y nada es más sagrado que engendrar la vida. Nosotros estamos ayudando a la naturaleza, pero el soplo de la vida sigue siendo él quien da. Recuerde que lo que hacemos en este laboratorio, por más avanzado que sea, es crear vida a partir de la vida, y la vida sigue siendo un misterio. El mayor de los males es la ignorancia.

— En eso estamos de acuerdo, y puede ser que nuestras diferencias sobre la existencia sean mucho menores de lo que parecen. Tal vez sea solo una cuestión de apuestas. Un creyente, como usted, no es más que un ateo, como yo, pero que prefiere arriesgarse menos. Creo que esa es la lógica de nuestros pacientes también. Independientemente de la creencia que tengan, quieren tener hijos sanos y mejores que ellos. Muchos no dudan en permitir el screening de los embriones y la edición genética para librarlos de la herencia de una enfermedad o de la aleatoriedad ciega de la naturaleza. Para ellos, los principios religiosos y legales quedan en segundo plano, pero cuando salen de aquí van a rezar en sus iglesias y jamás reconocen, a la luz del día, hasta donde son capaces de llegar.

— Si es así como dicen, ser creyente es, por lo menos, una actitud más inteligente. Al menos, nosotros, creyentes, tenemos posibilidad de ganar algo; ustedes, no.

— Diría que su enfoque es poco valiente. Ustedes, creyentes, pretenciosamente les gustan afirmar que es el amor que alimenta la fe, pero en realidad, es el miedo a la muerte. Sin embargo, en mi creencia, es el amor por la vida lo que alimenta la ciencia. Usted conoce mi historia y sabe que, si fuera por la religión, mis padres nunca podrían haberse amado y yo nunca habría nacido.

— Y usted conoce la mía y por eso sabe que lo que alimenta mi fe es la obra que estamos realizando y el legado que vamos a dejar.

— Entonces, somos las dos caras de la misma moneda, porque creo que es en el legado donde reside la eternidad.

"The world´s first baby born by a uterus transplant from a deceased donor is healthy and nearing her first birthday, according to a new case study published Tuesday in the Lancet".
(TIME Health Newsletter Dezembro, 4, 2018).

Uterus transplants have become more common in recent years, resulting in 11 live births around the world. But all other successful deliveries so far have been made possible by living donors often women who opt to donate their uterus to a close friend or family member without one. The birth resulting from the case detailed in the Lancet, which took place at Brazil´s Hospital das Clínicas last December, is both the first in the world to involve uterus from a deceased woman, and the first from any uterus transplant in Latin America.

"El primer bebé del mundo nacido de un útero trasplantado de una donante muerta está sano y está cerca de cumplir su primer cumpleaños, según el nuevo caso publicado el martes en Lancet". (TIME Health Newsletter, diciembre, 4, 2018).

Los trasplantes de útero se han vuelto comunes en los últimos años, lo que resulta en 11 nacimientos vivos en el mundo. Pero todos los demás casos exitosos fueron posibles gracias a donantes vivos - generalmente mujeres que optaron por donar sus úteros a una amiga cercana o miembros de la familia que no tenían útero. El nacimiento resultado del caso detallado en Lancet, que se hizo en el Hospital de Clínicas en Brasil, en diciembre pasado, fue el primer en el mundo que involucra el útero de una mujer fallecida, y el primer trasplante de útero en América Latina. (Traducción de la libre traducción).

— Ha aparecido una donante y tengo que ir rápido al hospital a operar.

— No se preocupe por la clínica, yo me encargo de todo por aquí.

— ¿Sabe de una cosa? Al mismo tiempo que estoy contento cuando aparece la oportunidad de una donante compatible, también estoy frustrado, porque todavía dependemos de cadáveres. Esta situación es molestamente primitiva, después de tanto tiempo desde el primer trasplante de útero.

— Paciencia, ahora falta poco y pronto no dependeremos más de las donantes.

— Y las receptoras también.

— Imagine si el grupo de trasplantes supiera de los experimentos que estamos haciendo aquí. Todo el conocimiento que usted ha desarrollado con ellos nos ha ayudado mucho con Eva.

— Son hombres de ciencia y nos felicitarían, pero sobre todo nos envidiarían.

— De cualquier manera, fuera de la comunidad científica, sería controvertido.

— Es verdad. Cuando, por primera vez, fertilizamos los óvulos de una donante y transferimos los embriones a un útero trasplantado, la gran discusión fue sobre quién sería, de hecho, la madre biológica del niño: la donante de los óvulos, la donante del útero o la gestante. Hubo mucha publicidad y debate, pero poco se discutió sobre el progreso científico y las posibilidades que se abrían para futuro.

— ¡Lo importante es que el bebé nació sano y ahora es adulto!

— Así es, lo que más importa es el resultado. No tiene sentido toda esta discusión moral que hace ruido una y otra vez. Nunca supe quiénes eran mis madres y eso nunca hizo una diferencia para mí.

— Usted me dijo una vez que su progenitora era de otro país, pero nunca me explicó por qué no hicieron el procedimiento aquí.

— En ese momento, solo se permitía la gestación por sustitución con familiares y tenía que ser un acto voluntario. Mis padres prácticamente no tenían familia, y si la tuvieran, tampoco sería fácil depender del altruismo de un pariente. Entonces, tuvieron que contratar el servicio fuera de nuestro entorno. Nunca supe de su identidad.

— ¿Y usted sabe cuál de ellos fue su padre biológico?

Mezclaron el semen y no sé de cuál de los dos soy hijo biológico. Me parezco a los dos, no estoy seguro y nunca me interesó investigar el ADN.

— Cuando conocí usted, uno de ellos ya había fallecido y el otro era bastante religioso, estaba siempre con un rosario en la mano, cuando íbamos juntos a visitarlo en el hospital.

— Los dos eran religiosos, a pesar de ser discriminados por la propia religión y por los hermanos de fe. Yo también era tratado con cierto prejuicio y burlaban de mí veladamente.

— ¿Usted se irritaba con eso?

— Me irritaba por ellos, no por mí. Usted sabe que ambos murieron de enfermedades que hoy son curables y la religión nunca los ayudó, ni siquiera en ese momento. Si fuera hoy, con el conocimiento de genética que desarrollamos, sus destinos serían diferentes. Podríamos curarlos incluso antes de que nacieran.

— Y sobre su donante de óvulos, ¿Usted sabe algo?

— Yo tampoco sé nada de ella y nunca quise saber. Estaba bien con ellos y eso me bastaba. También criaron a usted sin madre y, por lo que me dijiste, nunca supo quién era. Por casualidad, ¿hizo alguna diferencia para usted?

— Hubo un tiempo en que sí. Los sacerdotes me trataron como a un hijo y, como usted, tuve más de un padre. Sin embargo, durante algún tiempo, también quise tener una madre. Cuando era muy pequeño, me esforzaba por presumir ante las mujeres que iban al orfanato a seleccionar niños en adopción. Había una competencia entre los niños, y por supuesto yo llevaba desventaja. Un día, una de estas mujeres me miró diferente y tuve la esperanza de que sería adoptado. Ella fue allí varias veces y yo esperaba ansiosamente su visita. Hasta que un día, me llevó a pasar un fin de semana en su casa, pero, después de regresar al orfanato, nunca la volví a ver. Con el tiempo, descubrí que ella se quedó embarazada de manera natural de su marido y, por eso, desistió de la adopción. A partir de ahí, me rendí.

— ¿Y alguna vez usted ha amado a alguna mujer?

— Estaba en el seminario hasta que fui a la universidad cuando conocí a usted. Por cierto, nunca he preguntado esto antes, ¿Alguna vez usted ha amado a una mujer?

— Me gustaron algunas e intenté algunas veces, pero no tuve mucha suerte. La belleza me atraía, y una vez me enamoré de una mujer muy hermosa, perfecta, una verdadera diosa griega. El problema es que las diosas griegas quieren dioses griegos. Pensé que era mejor buscar la belleza y la perfección en otro lugar.

— Con su fenotipo, hizo muy bien en cambiar de estrategia...

— ¡Al menos, no estoy lisiado como usted! Se rieron mucho.

— En cualquier caso, podemos estar orgullosos de nuestra hija, incluso si ella no sabe que somos nosotros sus verdaderos padres. ¡Ella es linda!

La perfección y la belleza son dos ideas que siempre han estado asociadas desde la Antigüedad.

— Louise vino a la clínica el otro día a visitar a su madre y la encontré por los pasillos. Todavía me llama tío, como lo hacía cuando era una niña.

— Ella no se parece en nada a su madre.

— Ciertamente, tiene muchos de nuestros rasgos.

— ¿Nuestra amiga sospecha que fuimos tan lejos?

— ¿Eso realmente importa? Ella quería una niña y le preocupaba la herencia de Alzheimer de su madre.

In vitro - Cuentos de amor

The mice with two dads: scientists create eggs from male cells

Proof-of-concept mouse experiment will have a long road before use in humans is possible.

Researchers have made eggs from the cells of male mice and showed that, once fertilized and implanted into female mice, the eggs can develop into seemingly healthy, fertile offspring.

The approach announced on 8 March at Third International Summit on Human Genome Editing in London, has not yet been published and is long way from being used in humans. But it is early proof-of--concept for a technique that raises the possibility of a way to treat some causes of infertiliy...

Los ratones con dos padres: los científicos crean óvulos de células masculinas

Experimento de prueba de concepto con ratón tiene un largo camino antes de que el uso en humanos sea posible.

Los investigadores hicieron óvulos de células de ratas y demostraron que una vez fecundados e implantados en ratas, los óvulos pueden convertirse en crías aparentemente sanas y fértiles. El enfoque, anunciado el 8 de marzo en la Tercera Cumbre Internacional sobre Edición de Genoma en Londres, aún no se ha publicado y aún queda un largo camino antes de que se aplique en humanos. Pero es una prueba de concepto preliminar para una técnica que plantea la posibilidad de una vía para tratar algunas causas de infertilidad...

NEWS 9 March 2023

NATURE. HTTPS://WWW.NATURE.COM/ARTIGO/D41586-023-00717-7-2022

— Apesar de ser una experta, ella no pensó, en ningún momento, la posibilidad de que sus óvulos podrían no fertilizar, como de hecho sucedió, y sabía que su reserva ovárica estaba demasiado baja para intentar otra estimulación hormonal. A propósito, ella sabía de todo eso y, por lo tanto, nunca nos preguntó sobre los protocolos que estábamos adoptando.

— Al final, ella quería que hiciéramos lo que fuera necesario para obtener el resultado que tanto quería y nos dio carta blanca.

— Ciertamente, si ella supiera la verdad, nos lo agradecería de la misma manera.

— Francamente, ¿Qué diferencia haría recurrir a una donación anónima de óvulos y de semen?

— Fue nuestro primer milagro. Desarrollar el embrión a partir de dos gametos masculinos como lo han hecho en experimentos en animales, pero dudo que otros hayan tenido éxito con los humanos.

— ¡La fusión de nuestros cromosomas fue una hermosa victoria de la ciencia!

— Y merecida, después de tantos intentos que hicimos con las otras antes de ella.

— Además, nuestra amiga tuvo la gestación en su propio vientre, como tanto quería.

— Este es el punto débil de Louise y por eso no es perfecta. Aún no sabemos qué efecto puede tener la epigenética en su desarrollo y comprometer nuestro trabajo en el futuro.

La epigenética es el campo de estudio de la biología que evalúa cómo los agentes externos pueden cambiar el funcionamiento del cuerpo, sin implicar cambios en el ADN. De esta manera, factores culturales, comportamentales o ambientales que influyen en la gestación pueden actuar en la activación y desactivación de determinados genes y ser transmitidos hereditariamente.

...The ultimate grow bag

To save children born prematurely, a man-made uterus would help "...a team of doctors at Children's Hospital of Philadelphia, led by Alan Flake, describe an artificial womb that, they hope, could improve things dramatically, boosting the survival rate of the most premature babies while reducing the chance of lasting disabilities".

Economist, Abril 29, 2017

La última bolsa de crecimiento

Para salvar a los niños nacidos prematuramente, un útero hecho por el hombre ayudaría..

"...un equipo de médicos del Hospital Infantil en Filadelfia, dirigido por Alan Flake, describe un útero artificial que ellos esperan que pudiera mejorar las cosas dramáticamente, elevando la tasa de supervivencia de la mayoría de los bebés prematuros, al tiempo que reduce la posibilidad de secuelas duraderas".

(Economist, abril 29, 2017).
(Traducción de la traducción libre)

— Es nuestro próximo desafío. Ya nos hemos liberado de los óvulos, ahora falta liberarnos del útero.

— Con Eva, pronto superaremos esta limitación.

— ¿Usted cree que seremos los primeros?

— Desarrollar un prematuro en bolsa artificial fue una revolución que comenzó hace más de dos décadas; primero, con corderos, y después, con humanos. Sin embargo, solo nosotros conseguimos simular el endometrio y germinar el feto en el útero artificial.

— Creo que muchos de nuestros amigos deben estar cerca de esta creación, pero aún en fase de experimentos. Si lo hubieron conseguido, ya lo habrían publicado.

— ¡Seguramente habrían divulgado y estarían dando entrevistas! Todos quieren ser pioneros para tener el nombre registrado en la historia, por la fama y el prestigio.

— La vanidad, amigo mío, impulsa a la humanidad hacia las grandes realizaciones.

— Añade ambición y curiosidad.

— Y una buena dosis de coraje y audacia.

— ¿Otros también bebieron de esta fórmula y, como nosotros, estarían experimentando con embriones humanos en secreto?

— Por supuesto, pero sólo nuestra Eva ha logrado germinar hasta ahora.

— ¡Ese es nuestro segundo milagro!

— A pesar de esto, todavía tenemos que resolver el problema del aborto espontáneo y la próxima vez probaremos la nueva técnica. Haremos la extracción del prematuro en la nona semana, y luego desarrollaremos el feto en una bolsa común, como ya hacemos allí en el hospital con los prematuros.

— Nuestro niño está listo. Está congelado, esperando su hora.

— Primero, experimentaremos con los embriones desarollados de célula madre que utilizamos de prueba y solo cuando estemos seguros con el procedimiento, lo transferiremos.

— Estamos muy cerca de realizar nuestro tercer milagro y, cuando él nazca, nuestra Eva será la madre de una nueva humanidad.

— Será el primero de muchos. Crearemos una nueva raza.

— ¡Realizaremos el antiguo sueño de perfección del hombre! Este será un nuevo Renacimiento.

— ¡Y seremos los dioses de este nuevo mundo!

El hijo de Eva nació, anunciando el comienzo de una nueva era.

In vitro - Cuentos de Amor

Ya tengo nombre,
pero, todavía no nací,
espero.
Aquí hace frío,
oscuro.
No estoy sola,
somos muchos.
¿Qué pasa allá afuera?
Venimos de la luz,
nacemos en la luz,
crecemos en la luz.
A la luz un día
volveremos.

LUZIA

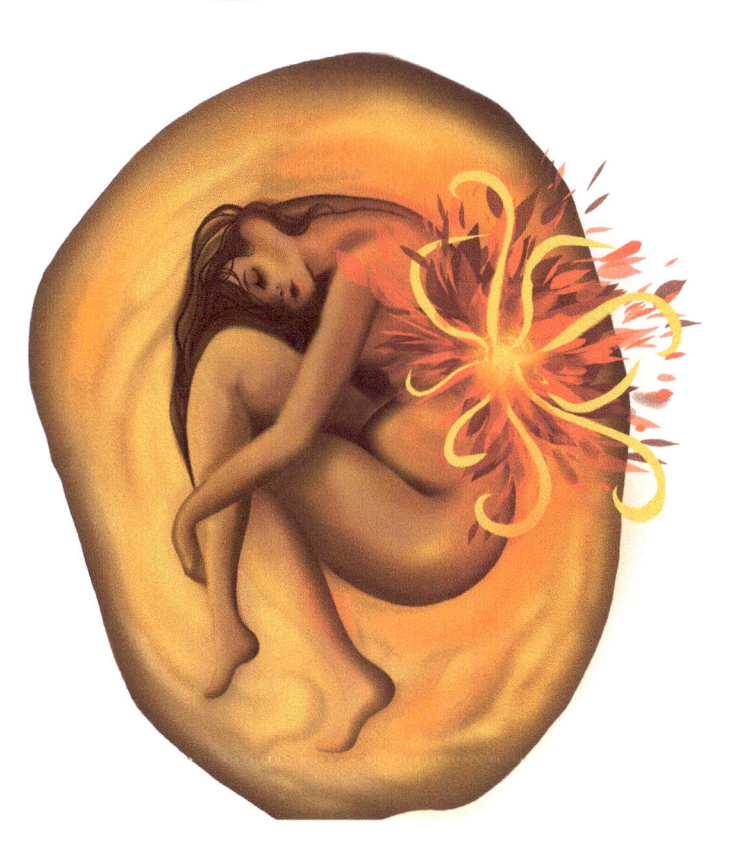

PROFECIA

"Ella ya tiene nombre. Será mujer. Las mujeres son más fuertes y las que vendrán necesitarán de mucha fuerza. Fuerza para vivir en un mundo que ya no es el mismo y lo será cada vez menos. Todavía tengo visiones. Todavía sueño con ella. Ella me habla. Ella espera. Espera para salir del frío líquido del nitrógeno. Espera a entrar en el calor de mi útero. Y allí crecer, bebiendo de mi líquido. Bebiendo de mi amor. Bebiendo de mi esperanza. Se llamará Luzia y también tendrá la marca. Le leeré historias. Ella dará a luz a una niña, y contará historias a su hija. Cumpliré mi misión. Ella cumplirá la suya. No sé por qué es así, pero así será. Profecía. Enigma. Misterio en un mundo dominado por la razón, máquinas, robots, algoritmos, genética. Mundo impregnado de aire contaminado, agua impura, plantas de plástico, úteros de plástico. Ciudades sumergidas, bosques desérticos, guerras, radiación. Personas sin afecto, cuerpos sin alma, cáscaras vacías, castas. Hombres perfectos, superiores, inhumanos. Hombres-dioses en el Olimpo, sin calor, sin amor, sin flores, sin colores. Vendrá un viento, un viento solar, una tormenta magnética. Soplará sobre todos. Soplará sobre las máquinas. Apagón, caos, bolsas rotas, tubos descongelados, vidrios partidos. Y ella estará allí. Dará a luz en esa oscuridad. Recomienzo".

**Luzia nació trayendo esperanza
en un mundoque se deshumaniza.**

Nacida niña.
Nacida esperanza.
Vinieron todos.
Todos vinieron.
Trajeron regalos.
Trajeron semillas.
Semillas de una flor.
Semillas de Amor.
Amor que un día.
Sembrará Maria.

MARIA

CLIENTE 1

— ¡Hola! Buenos días. ¡Estoy llamando a usted para darle buenas noticias!

— ¡Sí, conseguimos embriones con el perfil genético que usted quería! — Son tres: dos masculinos y uno femenino. Enviaré las fotos con el fenotipo que realizamos. De esa manera, usted puede elegir con más tranquilidad. Pero creo que, después de ver las fotos, usted va a quedarse con al menos uno más. ¡Se volvieron muy parecidos a usted!

— Como sugerencia, puede desarrollar uno de los embriones primero, y dejar los otros congelados para desarrollar en otro momento.

— Sí, el plan que ofrecí es completo. Además del embrión, cubre la maduración en bolsa y la extracción. También podemos ayudar con la gestión parental.

En el siglo XXII, se difundió el comercio de embriones y la gestación en bolsas artificiales, denominada de maduración. Agentes comerciales organizados en sistemas de franquicia pasaron a operar en todas las etapas de la cadena reproductiva humana, y la proyección fenotípica es un recurso basado en inteligencia artificial que posibilita estimar la apariencia física de los embriones desde la etapa de neonato hasta la adulta.

— Las bolsas artificiales han evolucionado mucho desde el siglo pasado y las posibilidades de pérdida son mínimas. En cualquier caso, si necesario, tenemos un seguro opcional, que reembolsa toda la inversión.
— Necesito que me dé una respuesta al final de la semana.

CLIENTE 2

— ¡Hola! ¿Cómo están ustedes? ¡Tengo buenas noticias!
— Tengo un cliente interesado en uno de los embriones. La similitud fenotípica es importante para él, por lo que creo que cuando vea las fotos, se entusiasmará con la idea de crear uno más. ¿Cómo conseguí? Solo necesitaba hacer algunos ajustes en el programa para mejorar el resultado.
- También tenemos otras oportunidades para explorar. Sus embriones han alcanzado la categoría III y pueden llegar a IV o talvez V si intentamos un upgrade genético. Podemos aplicar una técnica exclusiva de nuestra franquicia, que tiene una alta probabilidad de éxito. Valorará mucho los embriones. ¿Qué tal intentar con al menos uno de ellos?

La clasificación del perfil genético se estandarizó en una escala de cinco niveles de acuerdo con scores de fenotipo, el coeficiente de inteligencia y los biomarcadores predictivos de la salud. Intervenciones de perfeccionamiento genético a lo largo de la cadena reproductiva posibilitan elevar los scores. Los gobiernos mantienen los inventarios de embriones congelados para administrar la tasa de reemplazo de la población.

— Sí, vale la pena la inversión y podemos vender al gobierno central. Ellos necesitan reforzar los inventarios, pero solo adquieren embriones de clase V.

— Si queda algo, aún podemos venderlo para investigación clínica. El perfil genético de ellos se ajusta a las especificaciones de una que comenzó ahora.

— La remuneración es buena y ustedes ahorrarían con la criopreservación.

— Hable con su socia y volveremos a hablar.

CLIENTE 3

— ¡Hola! Sí, podemos ayudar. También preparamos y enviamos la entrada de toda la documentación de la ley de incentivos. ¿Ustedes están calificados?

— ¡Perfecto! No se preocupen. Asesoramos también en la elección de la red de apoyo hasta el final del contrato de responsabilidad parental. Ustedes sólo necesitan hacer la inversión inicial para la adquisición de los embriones y maduración. Nos encargamos de todo y entregamos el neonato después de la extracción.

- Sí, podemos extender la maduración hasta seis meses en incubadora.

Con la continua caída de las tasas de fecundidad, los gobiernos han implementado programas de incentivo a la reproducción humana cada vez más atractivos, con el objetivo de estimular a individuos, pares o colectivos, a asumir la responsabilidad parental por un período contractual de 25 años. Las franquicias también asesoraban en la selección y en la gestión de las redes de apoyo que prestaban asistencia durante toda la etapa de crecimiento de los neonatos.

— Entramos con la solicitud inmediatamente después de la extracción y, en treinta días, ustedes ya comienzan a recibir. Podemos financiar y sincronizar las cuotas con los recibos del incentivo.

— Descontando todos los gastos con la red de apoyo, estimamos un total mensual entre 30% y 50%. Con eso, el retorno de la inversión inicial es en menos de dos años.

— Así es, los scores deben ser certificados anualmente, durante los 25 años de vigencia del contrato, y el incentivo puede ser ajustado conforme los resultados.

— Sí, podemos ofrecer el servicio de la red de apoyo también.

— Vamos a elaborar un plan a medida para ustedes. Mandaré las tablas y hablaremos.

LLAMADA

— ¡Me alegra que me llamó! No te veo hace un mes, le extrañaba.

— ¿Por qué está llorando?

EMBARAZO

"Ella no dijo lo que era y me pidió que fuera a su casa. Fui allí pensando que sería algo trivial, probablemente relacionado con el trabajo, y podría animarla con una aventura virtual e inductores de humor, como siempre lo hacíamos para aliviar el stress. Tan pronto llegué, vi que era diferente esta vez. Ella me invitó a sentar, me tomó de las manos y fue directa: me dijo que estaba embarazada. Aquella noticia me causó más extrañeza que sorpresa, carecía de sentido; después de todo, nadie más quedaba embarazada. Fui agente y socio de una franquicia de servicios de reproducción asistida, y personalmente nunca tuve un caso de transferencia de embriones a un útero natural. Era posible, es cierto, sabía que el método primitivo de fecundación y gestación todavía se practicaba en lugares muy pobres o por activistas que ya pasaron de moda. También escuché que había lugares donde practicaban estos métodos por razones religiosas. Para mí, eran solo curiosidades improbables y distantes. Las bolsas artificiales eran mucho más eficientes y, combinadas con las técnicas de fecundación in vitro practicadas durante mucho tiempo, cambiaron la manera en que se reproduce la especie humana. Las mujeres se han liberado de la deformación de su cuerpo, del sufrimiento de la gestación, de los riesgos de la concepción y, sobre todo, no interrumpen la actividad profesional. La selectividad, la calidad del proceso de maduración y el perfeccionamiento genético que la ciencia y la tecnología han proporcionado producen neonatos más sanos, longevos, hermosos e inteligentes. El perfeccionamiento continuo de la raza aumenta la productividad de la sociedad y, para garantizar el funcionamiento de este sistema, hacemos continuas certificaciones de los scores a lo largo del ciclo útil reproductivo. Los anticonceptivos con chips que hemos implantado ayudan a evitar desvíos de los estándares establecidos y son controlados de manera remota por el gobierno central. Las hormonas sólo pueden ser liberadas en función de los scores obtenidos. Nuestros scores son altos; incluso, tendríamos que hacer una solicitud para generar gametos con el propósito de la reproducción. ¿Cómo pudo haber sucedido este embarazo? ¿Habría utilizado sus propios gametos o hecho combinación? ¿Por qué no siguió el protocolo? Ella nunca me dijo que quería un neonato. Podría providenciar todo. Ahora, difícilmente tendrá derecho al incentivo. Ella siempre ha sido una mujer racional. Era lo que más me gustaba en ella. Todo muy extraño, pero lo más extraño fue su reacción. Lloraba, pero no había sido de tristeza. Era otra cosa, parecía feliz."

MATERNIDAD

"Para mí, también fue difícil entender lo que estaba pasando. Al principio no sospechaba lo que podía ser. Sentía náuseas, malestar y no consideraba la hipótesis del embarazo, hasta que un médico experto diagnosticó mi patología. Me sorprendió, luego me asusté. Me encerré en casa. Tuve vergüenza. Nadie podía saber. Poco a poco, esa sensación fue cambiando y tuve coraje para llamarlo. No había nadie más que él. Como todos en nuestra generación, no tenemos familia. Tenemos los cuidadores, que son nuestros responsables parentales hasta los 25 años. Los embriones pueden provenir de ellos o no, y reciben una renta del gobierno por nuestro desarrollo hasta esta edad. El incentivo financiero y el soporte técnico de la red de apoyo son atractivos y la mayor parte de los cuidadores son profesionales especializados en esa área.

A pesar de esto, pocos quieren seguir esta carrera y el porcentaje de voluntarios también disminuye constantemente. Después del período contractual, nos convertimos en autónomos y cesan las obligaciones legales de los responsables parentales. Es un sistema lógico, que favorece el desempeño de la sociedad. Tengo buenos recuerdos de mis creadores. Eran una pareja que tenía match genético y, por eso, pudieron combinar sus propios gametos para generar mi embrión. Ellos gerenciaron bien mi desarrollo y logré buenos scores en todas las certificaciones. Como todos, me quedaba la mayor parte del tiempo en el instituto de desarrollo, en tiempo integral, pero recuerdo con cariño cuando pasábamos los fines de semana juntos. Eran diferentes de los otros criadores. No pude verlos más después de que completaron su ciclo útil de vida. En esa etapa, somos recogidos para las colonias de sobrevida y allí nos quedamos hasta el desenlace planeado. Ellos han completado todo el ciclo. Recibí la notificación. Quería saber cómo es envejecer. Y como es morir. Ahora tengo que aprender a ser madre de un neonato. ¿Cómo será la extracción? Y después, ¿Cómo será el desarrollo? Leí, en los archivos de historia del instituto, la descripción del proceso de parto normal y vi un documental que mostraba cómo todavía era practicado, en el pasado, por los indígenas de la Amazonía. Es un ritual que ya no existe. Hace mucho tiempo, los indígenas se integraron y mezclaron sus óvulos y sémenes con otros grupos, especialmente nórdicas, que fue una moda que se popularizó en una determinada época. Hoy no hay más indígenas. Hay vikingos de la selva, actores que conservan algunas costumbres solo para el turismo temático en las reservas botánicas sobrantes.

De todas maneras, todavía no entendía como podía quedar embarazada.

Antiguamente, el protocolo era hacer ligadura de trompas o retirar los ovarios antes de entrar en la fase reproductiva cuando los scores eran bajos. Luego vinieron los implantes con chips gerenciados de manera remota. Las mujeres de las nuevas generaciones ya no necesitan implantes. No ovulan más. Tengo un implante y no solicité la liberación de las hormonas. Por eso, a veces pienso que este embarazo es un milagro. Nadie más sabe lo que es un milagro, pero todavía recuerdo las historias que mi creadora me contaba. La llamaba de madre. Ella me llamaba de hija. Me contó que nací de su útero y me dijo que yo era muy especial. Ella tenía una mirada lejana, de quien ve más allá, y me enseñó cosas que sólo ahora comprendo. Leía historias en libros de papel, reliquias que me regaló y que guardé con amor. Me contó la historia de un bebé que nació de un milagro. El nació de manera natural, en un lugar muy sencillo. También quiero tener a mi bebé así. Quiero cuidarlo toda mi vida. Quiero ser madre también. Quiero criarlo junto con mi pareja. Sé que ya no es común que las parejas permanezcan juntas por mucho tiempo, pero ha sido así algún día. Siento en mi corazón que este es mi destino y es como siempre lo supiera".

PATERNIDAD

"Todo fue una locura para mí. Nunca tuve el deseo de ser un criador, a pesar de que era un buen negocio. En cualquier manera, estaba preocupado por ella. Preocupado por la deformación de su cuerpo, los riesgos y la discriminación que sufriría. Ella ya no podía salir a la calle, todos se quedarían mirando y señalando. Empecé a pensar en el neonato también. Decidí cuidarlos. Vendí mi parte de la franquicia y me fui a vivir con ella. Ya había ganado mucho dinero con el negocio de la reproducción, todavía tenía algunos embriones bien calificados congelados, y con este capital que había acumulado, podría intentar otro negocio después de que todo eso pasara.

Ocultamos el caso a los amigos. Ella nunca salía y pasábamos la mayor parte del tiempo juntos. Poco a poco me acostumbré a la idea. Nos divertimos mucho imaginando cómo sería el neonato, hicimos dibujos de él y, de esa manera, descubrí que ella dibujaba bien. También hacíamos ojos, nariz y boca en su barriga, que se estaba volviendo enorme. Nos peleamos falsamente por el nombre, inventamos algunos que eran ridículos, incluso hicimos un sorteo. Volví a tocar la armónica que había ganado cuando era niño.

Aprendí nuevas palabras. Descubrí que ella cantaba bien. Descubrí muchas cosas. Y ella se veía cada vez más hermosa. Me di cuenta de que no habíamos hecho el mapeo genético, ni la prueba de ADN, tampoco sabíamos el género del bebé. Nada de eso importaba más. Brotaba en mí un sentimiento que desconocía. Poco a poco comprendí que locura era como vivía antes. Estábamos felices".

PARTO

"El embarazo fue bien, evolucionó de acuerdo con la descripción de los registros que investigamos, y no tuvimos ninguna gran preocupación. Se acercaba el nacimiento y teníamos que decidir qué hacer cuando llegara el momento. Todavía era posible realizar una cesárea con medicina robótica guiada por algoritmos, que fue un método muy utilizado, pero no un parto normal, y no encontramos ningún médico que tuviera experiencia o quisiera arriesgarse. Tuvimos que seguir nuestra intuición.

Decidimos ir a una ciudad del interior, en una zona rural, un lugar pequeño habitado por ancianos que se negaban a vivir en las colonias, un lugar donde unos cuidaban de los otros. Allí fuimos acogidos. Caminábamos por las calles, hablábamos con todos y era normal que se acercaban y pedían para tocar la barriga. Algunos bromeaban, haciendo apuestas sobre cuál sería el sexo del bebé. Otros, en tono de secreto, confesaban que habían nacido de útero también y hasta de fecundación natural. Una señora se acercó y dijo que era veterinaria y cuidaba de los animales de una pequeña granja cercana, donde todavía criaban mamíferos. Ella se ofreció a ayudar con el parto. Poco a poco, los vecinos se acercaron aún más y comenzaron a visitarnos en casa. Les encantaba contar historias y, en una de las visitas, un hombre y una mujer contaron que eran hermanos y tenían padre y madre. Sus padres emigraron de la guerra y se establecieron allí, donde nacieron. Murieron de muerte natural, primero uno y luego el otro. También allí, en esa ciudad, pudieron ser enterrados. Una rara costumbre que recordaron con una sonrisa cortada por la mitad, labios apretados y una mirada entrecruzada. Con voz emocionada, dijeron que algún día se unirían a ellos.

Era tarde cuando todos vinieron. Trajeron flores. Flores rojas. Flores que solo brotaban en ese lugar. Se quedaron hasta el anochecer. Llovió, y después de que la luna llena aclaró el cielo, todos fuimos al patio y pasamos la noche juntos, conversando. Toqué armónica. Ella cantó. Alguien dijo que vio una estrella fugaz y que, por lo tanto, teníamos derecho a hacer un pedido. Nos reímos, bromeamos; pero en silencio deseamos. Nos dimos la mano y, cuando abrimos los ojos, el agua corría por sus piernas. Sentimos un viento. Las luces oscilaron. Llegaron las contracciones. Las luces se apagaron. La partera acudió. Blackout. Las velas iluminaron.

— Fuerza.

Las contracciones aumentaron.

— Aprieta.

Una cabeza ensangrentada comenzó a salir del vientre.

— Empuja.

Ella dio un último grito. Lloro. Sangre. Vida. Y nuestra niña se deslizó en el mundo.

Era grande. La partera cortó el cordón y ella se calmó en el pecho de su madre".

Nació Maria.

Maria ama las flores rojas y dice que cuando crecer esparcirá sus semillas por todo el mundo.

DIÁLOGO CON EL LECTOR

Ahora que las historias han sido contadas, me gustaría comentar algunos temas que van más allá de las cuestiones inherentes a la reproducción asistida, y que, de alguna manera, busqué elaborar en el texto.

En "Estela", el tema "Carta Celeste" se refiere a una de las obras de Almeida Prado, que fue un gran compositor brasileño y profesor de música erudita. La obra fue compuesta para un concurso del planetario del Parque Ibirapuera de San Pablo, Brasil. En la apertura de "Emilia", capturé un extracto de una conocida canción popular brasileña. Estas dos referencias son un homenaje a los músicos brasileños de todas las modalidades, que hacen de la música uno de nuestros mayores patrimonios culturales y motivo de orgullo. También hice referencias a Monteiro Lobato, representando nuestra literatura. La cultura en todas sus formas humaniza, y por eso debe ser valorada, especialmente en momentos de grandes transformaciones. Esta reflexión es cada vez más necesaria, especialmente ahora que experimentamos una aceleración exponencial de la ciencia y la tecnología, que abre innumerables posibilidades para el desarrollo humano. El escenario de las últimas tres historias es de un mundo en proceso de profunda deshumanización.

En "Eva", la dualidad entre la espiritualidad, representada por el latín como la "lengua de los ángeles", y la ciencia, representada en los artículos originales en inglés, sugestivo como la "lengua de los hombres", está incorporado por los dos personajes, que desde diferentes perspectivas, están unidos por el mismo objetivo. En "Emilia" la dualidad se da entre la razón y el afecto. Es a partir de la dinámica de estas fuerzas que definimos nuestros límites éticos, y podemos imaginar otros posibles escenarios del futuro. Las historias conducen por un camino, señalado en las preguntas de la canción al comienzo de la historia de "Emilia", que se responden en el poema de apertura de "Louise", y se desenlaza en el poema de "Maria". Así como "Luzia", cada niño que nace trae luz y esperanza para el mundo, y es una nueva historia que comienza. Ahora, depende de usted lector prestar sus convicciones para imaginar estas historias. Corresponderá a la humanidad el protagonismo de ecribirlas en la vida real, de aquí en adelante.

Este livro fue impreso en São
Paulo, en mayo de 2024.